星语（续集）

吴国田　著

浙江工商大学出版社
ZHEJIANG GONGSHANG UNIVERSITY PRESS

图书在版编目（CIP）数据

　　星语：续集／吴国田著. — 杭州：浙江工商大学
出版社，2018.10
　　ISBN 978-7-5178-3002-3

　　Ⅰ．①星…　Ⅱ．①吴…　Ⅲ．①人生哲学－通俗读物
Ⅳ．①B821-49

　　中国版本图书馆CIP数据核字(2018)第231345号

星语（续集）

吴国田　著

————————————————————————————

责任编辑	姚　媛	
封面设计	林朦朦	
责任印制	包建辉	
出版发行	浙江工商大学出版社	
	（杭州市教工路198号　邮政编码310012）	
	（E-mail：zjgsupress@163.com）	
	（网址：http://www.zjgsupress.com）	
	电话：0571-88904980，88831806（传真）	
排　　版	杭州彩地电脑图文有限公司	
印　　刷	杭州五象印务有限公司	
开　　本	880mm×1230mm　1/32	
印　　张	5	
字　　数	120千	
版印次	2018年10月第1版　2018年10月第1次印刷	
书　　号	ISBN 978-7-5178-3002-3	
定　　价	26.00元	

————————————————————————————

版权所有　翻印必究　印装差错　负责调换

浙江工商大学出版社营销部邮购电话　0571-88904970

自 序

我，属于经历过苦难的一代人！

在过往艰难的岁月中，我一直跳脱常规、抗争命运、负任蒙劳，不断提升自己，成就他人，以坚实的信念、阅历、行动和经验，给身边的人以克服忧患、享受人生的力量和启示。能成为别人前进方向中的指路灯、铺路石，我乐此不疲。对自己在职业生涯中的定位，我用了一个词——"向导"。向导，意为引路，常指领路之人。我志愿做这样的人，并以此作为自己的责任和社会使命。

虽然，我曾涉足两个截然不同的领域——军队、高校，但我始终坚持做着同一件事——党建思政教育工作。面对一群朝气蓬勃，有理想、有志向、有追求、有担当的年轻人，我甘愿付出所有的时间和精力。为了能深入了解年轻人的心理变化、个性特征和价值取向，工作之余我孜孜研读青年心理学、情绪心理学、人际关系心理学、青年犯罪心理学，以及关乎人性、男女婚恋等方面的书籍，希望能走进年轻人的内心世界，与他们打成一片。

在长期的学习、工作中，我总结出一套"四字工作法"，即立足于"情、理、利、行"，对年轻人因势利导、匡谬正俗、指点迷津，以期青年才俊成为国之栋梁。情，既有小情亦有大爱。年轻人要心怀悲悯，礼行天下，既有修身、齐家、治国、平天下的胸襟格局，亦有"先天下之忧而忧，后天下之乐而乐"的担当，用无悔的青春热血铸就自己的人生正道。理，既讲法理也明事理。法，即国之根本，人人必须遵守，不合法、不属于自己的绝不染指。法度之外，还要关注人固有的仁、义、道、德，以一颗同情之心、羞耻之心、是非之心、恭敬之心约束自己，做一个对社会有用、对人民友善的人。利，既看得失也求平衡。以"吃亏是福"的心态正确处理主观努力与客观环境的差距，正确平衡自我价值和权力欲望的矛盾，正确对待大家与小家、个人与集体的关系，做顶天立地、坦荡磊落的人。行，即求自律。为人师表，正人先正己，方能发挥表率作用。对待年轻人，应循循善诱，鼓励其建立自信，发挥行动的作用，以"海到尽头天作岸，山登绝顶我为峰"的情怀，讷于言，敏于行，学思践悟，知行合一，脚踏实地地去奋斗，去实现人生的梦想。

无论蟾圆几度，生活的回馈总是让人充满期待和喜悦。每每听闻来自战友、学生的祝福，以及花烛筵开、雁塔提名的佳音时，我都不胜欣喜。

师者，常怀蜡炬成灰、桃李满天下的豪情。而斯人，自足于"桃李不言，下自成蹊"的欢愉。

终一生，择一事。作为基层党务工作者，我在奋斗！

吴国田

目 录
CONTENTS

第一篇 学习与认知

第二篇　做事与感悟

第三篇　做人与修养

第四篇　婚姻与家庭

第五篇　随笔与其他

学习与认知

知识能改变自己

知识是开启人类思维，把握事物发展规律，解决人们在实践中遇到的各种问题和矛盾的钥匙。谁掌握这把"钥匙"，谁就会心明眼亮，就能认清前行中遇到的难题，抓住事物发展中的主要矛盾，有的放矢地把握事物的发展方向。若赋以周密的组织实施，就能实现自己的目标和得到预想的结果，把事情办好，办极致。

知识对于每个人来说都是公平的，且是非常重要的。在某种意义上讲，谁掌握了较多的科学知识，谁就会得到改变，甚至改变自己的命运。由于每个人的成长环境不同，所以对知识的渴求态度也就不同。态度有积极的、不太积极的及消极被动的。总之，学习科学知识的态度，决定着每个人的学习精神。有的人把学习科学知识当作改变自己命运的阶梯，一步一步地前行，刻苦地学习，用知识武装、充实自己，努力用行动去改变自己的现状，最终实现了自己的梦想。但有的人学习一点知识就将其当作荣耀的标签，徒有虚名，不去实践与应用，只是把科学知识挂在口头，或当成握在手中的"剑"，不去寻找目标，不懂得有的放矢，其结果是理论脱离实际，这样的态度下学再多的知识也没有用。所以，学习知识要明白一个基本道理：学习和掌握知识的目的在于应用，即指导和解决实际问题。但是，这是不够的，不能仅仅满足于指导或解决实际问题，更重要的是要在学习与实践中不断充实自己，提高自己，改造自己，要善于用新的知识去探索和认识人类社会发展的未来与未知，这才是学习和掌握科学知识的最根本的目的。这就是新的科学知识赋予我们的新目标、新使命。

一个人如果能较好地掌握一定的社会科学知识，并能联系实际应用，就能主动地认识社会现实，自觉地融入社会与团体，与人融洽相处共事，心情舒畅地学习与工作。在实践中，更好地发挥自己的聪明才智，扎扎实实地做好本职工作，做出自己应有的积极贡献，才能获得属于自己的成功。用自己的行动与结果获得领导的信任和同事的赞许。这样的人，往往不仅仅对学习知识有正确的态度，在面对工作时也会有认真负责的态度。他们把自己的工作单位当作自己的家，把自己做的工作当作自己的使命，用扎实的工作、认真负责的态度，把工作与理想联系起来，并在实践中不断学习、提高。他们不仅从书本上学习，从信息网络上学习，还在工作中向同事学习，循环往复，不断进取与追求，使自己的工作和生活变得充实、有价值，从而获得幸福感。

学习科学知识有各种形式，如在学校接受系统的学习，在岗位上通过实践学习，在工作中向同事学习，甚至从自己或别人的教训中学习。人的一生中，学习形式是多样的，也是无止境的。然而有两点特别重要，一是一生中能遇到一个好老师，他不仅能告诉你这是什么，还能告诉你这事是怎么回事和该怎么办。他能把你的思维引导到另一个层次，提高认识事物的境界，这样就开拓了你的思维，让你有一个新视野、新亮点、新理念，从而登上更新、更高的台阶。另一个就是有一个良好的学习环境和条件，你所在单位的领导对年轻人的学习非常重视，能满足年轻人的要求；同事之间有很浓的学习氛围，可以互相影响、互相学习、互相促进，形成"近朱者赤"的环境。不过，最根本的还是在于自己，坚信科学知识能改变自己，在某种条件下能改变自己的命运。

学习与认识自己

在实际工作中，有的人确实付出了很大努力，做出了优异的成绩。但是这种人往往有一个致命的弱点，即做出一点成绩就总是千方百计让别人知道他有本事、有能力、有才干、有成就，沾沾自喜，逢人就自吹自擂，想让别人夸奖自己。常言道：是金子总会发光的。甘做无名英雄又何妨？其实，做人要正确认识自己，正确对待自己，要有自知之明。既要学会适时张扬，又要严于低调，把握不同的时间、地点及对象，做到张扬有度，不讨人嫌。否则，适得其反。俗话说"王婆卖瓜自卖自夸"，但其效果并不佳。

人在社会实践中要不断地学习和自省，网络社会信息瞬息万变，创新成果层出不穷，新的事物不断涌现，千万不能满足于一己之见、点滴之得。要学会在社会实践与交往中严格要求自己，谨言慎行。积极地去探索发展过程中的新事物，学习同事、朋友的优点，做到聚其之识，知其之心，熟悉其才能，用心补己之短，学会借势借力成其事。这就是一个智者应具备的基本态度，这样才能使自己的智慧更上一层台阶，为创造新业绩添上新翅膀。这才是智者的表现与行为。这也是在市场经济中战胜自己，赢得对手的法宝。当你放下自己取得的一点业绩，把成绩与功劳放在与你共同奋斗的伙伴身上时，你就会更好地凝聚伙伴的智慧与力量，把事业做得更好，取得更大的业绩，这就是智慧与才能的表现。当然，你也不可能总当常胜将军，市场如战场，情况千变万化，需要不断学习、探索，要理智地做好每一件事；真正懂得人要有自知之明，既要该为又要善力，千万不要忘为，更不能乱为。挤撞会出现漏洞，就会出现损失或失败。人若有自知之明必会保持头脑清醒，正确判断形势，把握主动，力避风险，取得事业的成功！

灵感与学习思考

在实际工作与生活中，人们都会不同程度地遇到一些困惑，往往会被其弄得束手无策，甚至万般无奈。可是天无绝人之路，有的时候会突发奇想，拿出妙招，在大家困惑之时，你就拿出了解燃眉之急的良策。然而，人的灵感不是天生的，在关键时刻有灵感，能拿出解决问题的办法，是有一定的基本条件的。归纳起来大致有以下几点：

一、灵感来源于他对事件发生的情况、过程、事因及性质有一个客观的分析，能较好地把握事物的本质及其变化的条件，争取了认识和把握矛盾或问题的主动性，为灵感的产生打下了基础；

二、灵感来源于他对问题或事件发生的原因及发展趋势，有一个冷静而理智的判断，对其后果有一个心理预测，这为其灵感的产生创造了动因；

三、灵感来源于他对问题或事件趋势与后果的预测，在有一个心理判断的基础上，对可能出现的情况有一个应对设想，这为灵感的产生及问题的处理增强了信心；

四、灵感来源于他在对以上情况进行快速、综合疏理的基础上瞬间聚集成的思维结果，这是灵感形成的保证；

五、灵感来源于他平时学习、思考、积累的良好习惯，从而形成了能快速把握事物矛盾的规律，以及其敏锐、严密、深刻的思维方式，因而才能快速地做出反应，提出超出常人的方法，把事情处理好，否则，不可能产生灵感。灵感不是凭空而来的，是一个人综合素质与能力在突发情况下的应用与发挥。

想象力的开发

想象力属于人的智慧、知识、能力的范畴，是一种哲学的思考。人的想象力是一种不受时间、地点、空间、物体约束的对事物的思考，它有助于形成自己独特的见解与看法。这种想象力，分为无约束式和约束式两种。成年人容易受思维习惯的限制，所以其想象力就会受到约束；而在接触社会生活的客观实际中，孩子的认知比较感性，他们的想象力就不那么受约束。有时孩子提出的问题或见解，足以让大人感到意外，甚至惊奇。在小孩子的成长过程中，父母要去开发、引导、启发小孩的思维，这对孩子思维的发展、成熟是非常重要的。但是，现实生活中过多地告诉孩子怎么样做比较好，尤其是对一件事过早地按成人的思维方式把结果告诉小孩，不让孩子多问几个为什么，这并不利于孩子想象力的发展。

要让孩子的想象力得到较好的发展，首先要坚持开放式的教育理念，让他们多接触社会，有更多的机会去观察大自然，观察植物、动物，让孩子自己去发现与思考，并给予恰当的解答与指导；其次就是要善于引导孩子去联系，弄清自然界和实际生活中许多相关联的事，当然要求不能太多，而是要引导他学会观察、联想与思考，慢慢地养成善于观察、善于思考、善于提问的好习惯，从而培养其见解与分析问题的能力，以及敢于提出自己见解的想象力。长此以往，他便能具有良好的观察认识事物、分析处理问题的能力，客观思维与创造性思维并举，用哲学的思辨方法解决好人生中所遇到的各种问题。

你想过吗？

人的一生是一个漫长的过程，在这个过程中你应认真学习，尽早规划，做好准备，勇于前行。然而这个过程不是一帆风顺的。因此，你必须认真准备，坚持"敢作为，永不放弃；不后悔，继续前行"。这里最基本的就是，正确认识自己，面对现实，积极应对，有所作为，从而让自己在人生的长河中把握主动，应对自如，表现出色，收获多多。这就要使自己牢记一些基本要求。一是人必须要有梦想，有梦想才有未来。二是一定要有目标，有目标才有追求，大目标是通过完成若干个小目标才能实现的，所以目标不在于大小而在于实现与否。三是一定要有信心。这是做人的志气与精神状态，没有信心与决心将一事无成。决心与行动都必须要有，而且要认真落实，不能半途而废。四是一定要有准备，做事情不能盲目上阵，不能打无把握之仗，否则是要失败的。机遇是给有准备的人的，从精神与行动上做好准备，坚定自己的意志与决心，是实现每一个目标的重要基础。五是一定要懂得有付出才有收获。在你的人生规划中的每一件事，你想到了、规划了、准备了，在实施时就要脚踏实地付出，否则就达不到预期的目的。六是一定要有责任有担当。在奋斗过程中，你不可能单打独斗，要学会合作，这个过程需要有担当精神，和谐共事，用自己真诚的付出与担当达成好的合作结果。七是一定要有善良之心。在践行中衷心感谢那些指导、帮助你成长和完成任务的人，懂得感恩，永远不忘。八是一定要学会交朋友。要懂得人生道路漫长，没有朋友你就会孤独，这不仅影响事业，还会影响你的心情与健康，所以要以真诚之心去团结同事，并在实践中结交志同道合的朋友。九是一定要有纯真的爱心。有爱心才会有朋友，有爱侣，有幸福。爱心见于行，行到极致便是情，情到深处便是爱，是幸福。十是一定要有健康快乐的风貌。在人生的历史长河中奋斗，你一定要牢记命运靠自己把握，祈盼别人扶你，你是走不远的。世界上没有人会专门为你扶着梯子让你往上攀登的，只有深信自己的信念、勇气、智慧、力量与技能，才能登上你要攀登的目标，真正实现自己的梦想。

人生、道路与梦想

人一生的道路是漫长的，在前行的过程中，都梦想做好的工作，交好的朋友，建立好家庭，过好日子。一般的人都会这么想，也有许多人想创造出业绩，实现更大的梦想，然而，在实践中未必都那么顺利，那么理想，有可能会遇到一些波折和一些想不到的困难。这些波折和困难考验着每个人的意志。因而，有许多问题值得你去预测、思考与应对，我们应该做好各种准备，以便顺利地实现自己的抱负与梦想。

在人生的道路上，前人有许多宝贵的经验教训值得我们学习与借鉴，尤其是在思维方法、认知能力上。我们要保持清醒的头脑，以积极的态度慎重应对，使自己在前行中少走弯路。这里有几个共性的问题值得学习与借鉴。一是正确定位。人的一生有若干个选项与机会，如果能把握好自己的前行方向，把自己放在合适的行业或工作，就有利于自己发挥优势，展现个性特长，实现梦想。二是把握机会。人的一生有许许多多的机会，但真正适合自己的机会是不多的，这就要随时做好准备，善于选择机会。机会分为有利机会、不利机会及可选可不选机会，这就要根据自身情况而定，来实现自己真正要想抓住的机会，要做到：准备充分，果敢取舍，发挥优势。三是进退适时。在市场经济条件下，商场如战场，作为一名优秀的工作者，要善于审时度势，该进时果敢坚决，该退时毫不犹豫，必要的退是为了必然的进，这就需要战略眼光、勇气与智慧。四是善于聚才。在改革创新发展中，绝不是单打独斗就能实现梦想的，需要的是团队、人才。在实践中，首先要使自己成为人才，同时，能发现人才和凝聚人才，才能形成创业团队，才能把事情做好。五是品格与品位。就是在创业与工作的实践中要坚持正确的价值取向，努力做一个有品位的人、有道德水准的人、有高尚风格的人，做一个有利于国家、集体和人民的人，用自己的辉煌人生去创造最有意义的价值。六是有个好心态。人的心态在某种意义上决定着人的命运与人生的幸福。所以，每个人不仅仅只有工作与事业，还要有生活。人在实际工作中，会遇到各种烦恼，这就要有一个好的心态去调节，遇到难事不生气，不怕工作任务重，遇到人际烦恼会调剂，用积极的态度去应对，努力做到珍惜自己、热爱工作、广交朋友、开心生活。千万别拿难事烦事惩罚自己，让自己生气，这样就会影响生活，影响身体。总之，在人生的前行道路上，会遇到许多复杂的事，要把握一些最基本的问题，那就是坚定前行方向，发挥优势，把握机遇，排除困难，团结朋友，做出业绩，调整心态，追求生活。把事业与生活统一起来，做个既有稳定事业又有和谐生活的人。

要学会认识人

当今社会，认识人是一项很重要的基本功。每个人都想结识一些志向、兴趣爱好相近的人，以有利于学习、工作和生活。这个问题是每个人都会遇到的，也都想做好，但这其实挺难。在经济社会中，一些合作得非常好的老总、老板，由于某些原因分道扬镳的很多。所以，要想真正认识人就要去实践。通常值得交往与珍惜的人，都会有一些表现。一是他有私密难题，会第一个找你商量；二是你有困难他第一个站出来帮助你；三是你有问题，他第一个在你面前直言，当你有经济危机时，他第一个慷慨解囊；四是你有喜事他第一个与你分享；五是当你身体不好，他第一个出现在你面前；六是当你工作出现危机时，他第一个站出来与你同扛。总之，在你眼里，这些人是值得信赖和托付的。有这些表现的可以说是好人，是值得依赖的人，可以真正交往的人。远离那些在你好时主动靠上来的人，见你失意便躲得老远的人，口里讲得很好但实际又做一套的人，还有那些要小心眼、自私的人，都不是值得结交的人。

总之，看一个人的好坏，就要从他的行为处事态度、方式去观察，从中认识和把握其处世的动机、心态、行为。这些需要在长期相处中才能做出判断。千万别被某些人的甜言蜜语、小恩小惠所迷惑，一定要听其言、观其行、知其心，慎处慎交，做到不失礼、不失态、不失言、不失行、不失误、不失望。

观察与感悟

　　一个人如能善于观察，并针对观察到的人和事进行有益的思考，那么对自己的学习认知、审慎处事、积累经验等都是非常有益的，也是非常有效的。一个有梦想、有目标、有抱负、有志气、有责任的人，懂得处处留心，也会非常注意去观察、思考、捕捉契机，适时做出自己的选择，抓住自己想要做的事，想要实现的目标，努力地去探索、去奋斗、去拼搏，直到有自己的感悟与判断，可以审慎分析利弊，理智地做出选择，努力地去践行与坚守，直至实现自己的愿望与理想。因为，梦是多彩的、美好的，形式是多元的，实现梦想的关键在于你的出发点与心态，你的能力与耐心，你的那种不言败的坚守精神。一个人只要有了这种精神与态度，尽最大的努力去奋力与拼搏，不忘自己的责任与担当，忘我地坚持与坚守，最终才能获得成功。

　　观察的目的是让你去思考、去感悟，并在践行时进行有益的思考。观察是全方位的，从你的兴趣爱好入手，从你所做的工作入手，从日常生活的点滴入手，把观察到的事物做记录，就能有感悟和收获。这种感悟、收获有精神方面的，也有知识技能方面的；有行为处事方面的，也有文化艺术方面的。总之，人不可能全面地观察自己，但至少要选择自己最喜欢、最擅长的方面去观察、去思考、去累积、去体验，这样才能有利于自己的学习、工作与生活。

做人要有志气

在战争年代，有志气是非常重要的人格品质。由于战争环境复杂、艰苦，随时都有生命危险，凡是有志气的革命者，都信念坚定，不怕牺牲，把个人生死置之度外。但也有少数人缺乏民族气节，做人没有志气，一旦遇到生命威胁，就做出变节、投敌叛国的行为，有的甚至甘当软骨头，出卖国家、出卖革命，这就是叛徒。

在和平年代，做人也要有志气。对待艰苦的工作、艰苦的环境，是勇往直前还是畏缩不前，这是检验一个人有没有革命志气的试金石。志气是人的本性与品质，是一种坚定的信念，是一种坚信的意志与决心，是人的一种远大抱负，是一个人对自己追求的目标的责任与担当，是一个人对待事业的根本态度与精神状态，是做人的一种尊严，可以说有志气是做人必须具备的品质与素质。有了这种基本素质，才能认真履职与担当。这不是一时一事的要求，而是长期要具备与坚持的精神状态。只有具备这种意志与状态，才会有坚定的信仰，脚踏实地地朝着既定的方向前行，不达目的决不罢休。归根结底，志气标志着一个人的内在动因与外在动因相一致的人格精神，是经得起考验的，也是经得起群众检验的。这种有志气的人就是做事的人，也是受群众拥戴的人。

那么，怎样才能做一个比较成熟的有志气的人呢？一是要有坚定的信仰，热爱党，热爱祖国，热爱人民。二是要有明确的奋斗目标与追求，为改革创新服务尽职，做出贡献。三是要有高度的责任担当，立足于大局、围绕大局、服务大局，做改革的创造者和服务者。四是要有奉献精神，坚持以党和人民利益为第一要务，扎扎实实地做好本职工作，创造性地做出贡献。五是要有履职服务的知识与技能，只有这样才能提高工作效率，提高服务质量。

总之，一个真正有志气的人，一身正气，有一股工作的拼劲，有一种不达目的不罢休的决心与态度，有一种不创造出好的工作成绩不放松、不停步的精神状态。坚持把工作做到底、做彻底、做到极致，就是有志气者的追求与目的。

人生是什么？

人生是什么？人生是一曲奋斗的四季歌，你要面对春天的泥泞，夏天的酷暑，秋天的收获，冬天的寒冷。因而我们要经受这一长期的考验，时刻准备着面对可能遇到的复杂局面，不因顺利而麻痹，也不因曲折而丧气。我们要始终保持前行的意志与决心，在人生的历史长河中努力地去搏击，靠自己的自信、自强、自立、自尊、自爱、自谦、自析和聪明才智去叩开生命之门，升起理想的风帆，让生命的航船绕过暗礁，冲破骇浪，避过飓风，到达理想的彼岸，开创有价值的宏伟事业，去浇灌自己灿烂的理想之花，用自己的辛劳付出收获成果，用事实去证明自己的人生价值，赢得社会与人民的认可与赞誉。这就是人生价值之所在，也是生命之真谛。

人生的机遇

常言道：人生如梦。故有人生如浮云之说。人的一生说长也长，说短也短，关键是对待人生的态度，是积极向上有作为，还是得过且过浑浑噩噩混一生，这是人生态度的分水岭。因此，人的一生想要过得精彩，就要善于思考，善于抓住各个时期的机遇。人生的机遇并不多，如果一个人对自己的人生态度是积极的，他就会根据实际情况早做准备，能冷静理智地应对，机遇来了能主动地抓住，为事业的成功创造机会。

我对人一生的发展机遇大体有以下几点设想：一是完成学业。这是为正式步入社会做知识和技能储备的机会，根据自己的兴趣爱好争取适合自己的大学与专业，这是比较明确的公开竞争的第一次机会。所以在校学习时要积极准备，具备五个能力，即认知思维能力、专业技术能力、团队协作能力、随机应变能力、创新实践能力。二是解决就业。这是人生的第二次机遇。工作对大学生来说是进入社会的第一机会，它既是均等的又是不均等的，关键看你的准备与应对。只要有机会，通常不要放弃，多一次尝试就多一分成功的可能，但不要盲目，没有把握且自己不热爱的机会就不要尝试，否则得不偿失。在求职过程中，通常要把握的基本思路是先生存后发展，求适应再拓展。同时，要注意"领会领导意图，把握岗位要则，协调合作伙伴，保证完成任务"。三是建立家业。到了一定时期，就会进入婚恋期，面对建立小家庭的问题。这是人生中的一大机遇，早了不行，晚了也不行，在适当的时候解决，就有利于人生的发展。关于组建家庭，应把握五条基本准则，即要有相似的信仰追求，要有互敬互爱的生活态度，要有互尊共商的处事原则，要有尊老爱幼的厚德品质，要有共荣同乐的思想。四是成长担当。当你步入社会并积累了一定经验，掌握某些知识技能后，你必须要有一个积极的正确的心态，为事业而敢于担当挑重担。做好承担重任的准备，一有机会必须冷静面对、积极作为，做到"吃透上级精神，掌握下面情况，创新工作思路，积极做出贡献"。五是养育孩子。在成家立业的同时，要做好养育孩子的准备。养育孩子不仅仅是个人家庭的事，也是事关民族、事业的大事，必须把握好机会，否则失去了机会也是一辈子的事。特别是男同志，要注意"关心老婆的身体与心理健康，孩子的身体与心理健康，家庭的和谐与安康"，要学会承担与厚爱，忍耐与承受，牢记奉献与追求，自觉地做一个习武者的"沙袋"！六是孝敬父母。当父母步入老年时，这时工作、养孩子、管老人都集于你一身，你的压力很大，责任很大，担子很重，这是人类历史发展中的接力赛，你的父辈把这一棒给你了，你就要跑好，最后把这一棒交下去。在这赛跑的过程中要做好榜样，时时想到父母，有些事你不经历你就想不到。俗话说，不做父母不懂父母恩，对老人要做到"心到、礼到、人到、情到"，哪怕是一个电话、一句问候，这比什么都重要。七是抓好黄金期。人到了退休年龄，想法很多，但落实挺难。老人退休后头三年是个适应期，一下子不工作还有点不适应，所以退休后，帮忙带带孙辈，适当参加一些社会活动或做点自己喜欢的事。一定要懂得抓住人的一生中最宝贵的时间，那就是退休后六十五岁至七十五岁的"黄金十年"，把之前想做而没做的事努力补偿一下，比如陪伴老伴旅游，看看祖国的大好河山，带着美好的中国梦，乘上同圆梦想的时代列车，携手同行，笑迎夕阳，追寻自己最美的梦。带着幸福、带着美好、带着开心，相依相伴，笑向明天！

命运在自己手中

在现实生活中，有相当多的人认为人的命运是老天注定的，从生下来那天起，老天就给你安排好了命运。命运有好的，也有不好的。其实，人的命运并不是注定的，但有许多客观环境和条件的制约。如出身环境好，可能会给你人生道路带来一些有利条件；一些受客观条件限制的人，在人生的奋斗道路上就会有许多困难。但是，不管客观条件是好是坏，都要看你自己努力与奋斗的程度，在某种意义上讲，路在脚下，任何成功都要自己去努力奋斗与付出，只有踏踏实实地付出了，才会得到收获。俗话说：命运要靠自己掌握，不能寄托于别人。不管遇到顺境或逆境，都要毫不动摇地坚持前行，认真地把握自己的命运，千方百计地抓住时机改变自己的命运。在奋斗的过程中，通常要把握几个最基本的问题。一是要有坚定的信念与勇气，把握好人生前进的方向，勇敢地前行，踏实地奋斗；二是要学习必要的知识和技能，努力发挥自己的聪明才智，适时张扬自己的个性与优势，努力把每一件事做好，取得社会与他人的认可；三是要善于把握前行中的机遇，并努力地付出，用不达目的不罢休的精神与作风，切实把每一件事做好；四是要善于融入社会集体和团结他人，愉快地与别人合作共事，锻炼自己的共事能力；五是要建立与朋友、亲人的感情，开心愉快地投入工作，并努力去获得更好的效果。当然，还要学会严于律己，自尊自爱，踏实做事，清白做人。只有坚持这些最基本的东西，并努力奋斗不松懈，才能实现梦想，使自己的生命之花绽放得更加灿烂，让自己的生活过得更加充实、愉快、幸福！

心态、行动与梦想

　　我曾读过《心态决定命运》。这本书讲述的是一个人在社会与生活中会遇到各种不同的问题，有积极正面的，也有消极反面的，还有许多疑虑困惑，在多种不同的人与事面前，抱积极的态度去解决，或是抱消极的心态去应付，其结果是全然不同的。一个人的心态有积极的和消极的之分，心态的不同导致每个人的处事态度不同，从而产生的结果也就不同，要么做好了，战胜了，前行了；要么消极了，畏难了，退缩了。在某种意义上说，心态是事业成功的关键。此外，人的心态如何还决定着人的精神状态如何。因为，心态是人对客观事物的观察与认知，是对现实状况的认识和态度，是一种真实的心理表现，所以它能支配人的行动。

　　在现实工作与生活中，人们通常会产生一些不同的表现。有的人为了未来而任劳任怨，埋头苦干，积极进取，这就是勤奋的人。有的人为了实现自己的梦想而振奋精神，不断学习，自觉付出，这是一个聪明的人。有的人一生浑浑噩噩，没有计划和目标，过一天算一天，这是糊涂的人。有了目标但只停留在嘴上，不去努力奋斗，不想付出汗水去实现，这是懒惰的人。有的虽然看到了目标，但缺乏信心和坚定的意志，走一步看一步，这是没有恒心的人。如果能任劳任怨，脚踏实地向前，这就是一个有志气的人。一个人只会夸夸其谈，纸上谈兵，只说不做，这就是只会吹牛的人。还有一种就是刚一付出就想收获，急于享受，贪图虚荣的人。总之，不同的心态反映了不同的人生观、价值观，不同的心态有不同的行为，只有心态与行动一致，才能实现自己真正的梦想。

扮个好角色

　　人在一生中会扮演不同的角色。在家里你可能是父母，也可能是子女；在单位你可能是领导，也可能是员工。有不同的角色，也就有不同的责任与担当。不管是什么角色，你都必须融入学习、工作、生活的整体，并把这个整体与自己的角色联系起来，努力探求自己的位置，尽心尽责，做好自己该做的事情。即使成不了"名角""主角"，也要实实在在的，当好"配角"。每个人在扮好自己角色的过程中都要努力做到说话有理，办事有据，决断有策，处事有方，问心无愧，敢于担当。这些是做人做事的基本态度和责任要求，也是扮个好角色应努力的方向。具体地说，不管你在家里或工作岗位上都要做到以下几点：一是有志气，就是有坚定的信念与信心，把事情做到底、做彻底；二是有目标，有实现自己决心的大小目标，明确前进的方向与要求；三是有举措，要当个好角色，就要有担当、有责任，不夸夸其谈，严于务实求实效；四是要懂合力，善于凝聚团结所有的力量，群策群力完成任务，切忌孤军奋战；五是善学习，从学习中积累知识，并在实践中运用与深化，循环往复，提高自己的践行能力，使自己成为真正符合实际需要的角色，并在不断的实践中努力成为"主角"或"名角"。

　　扮个好角色关键在"扮"，人的一生有多重角色，不管是哪个角色，只有努力去做，才能真正成为优秀的角色，成为值得别人学习与尊敬的角色。在这个过程中不以自己的成就大小、功绩大小、奉献大小作为衡量的根本尺度，而要以自己的态度、作为、德行去衡量。在人生实践过程中，要想扮演好自己的角色，就要认真研究。

　　角色，从总体上讲就是人。我认为人大致可以分为尽心尽责的人、公私分明的人、无私奉献的人和安分守己的人。而人还可以分为四个类型：一是奉献型，即把党和国家、人民的利益放在第一位，尽心尽力做出积极贡献；二是交换型，即在履行职责中能积极地工作，努力做好本职工作，争取得到合理报酬；三是索取型，即在实际工作中，斤斤计较，个人利益当先，不想吃苦付出只想收获；四是糊涂型，即在工作中稀里糊涂，有时错对都不分，对工作起不了积极作用。此外，还有几种特殊的人：光说不做、好吃懒做的人；游手好闲、靠偷盗过日子的人；招摇撞骗、靠借骗钱过日子的人；放下脸面与尊严乞讨的人。当然还有一些需要政府、社会、团体和爱心人士去关爱的特殊人士。

总之，"扮好角色"就是好好做人、做事，这既是一门学问，也是一种精神。只有坚持坚定的信念、正确的态度、高度的责任、积极的行动，才能一步一个脚印地不断前行，成为一个有作为的好人，平凡的好人。

做平实的强者

有人说：当今社会是一个强势社会，有实力、有能力就能在社会上立住脚。所谓强势与实力，就是指一个人的能力、地位、权力、金钱、财富及其诚信、智慧、道德、人格等。在复杂的社会中，一个人若能靠自己的能力、智慧与实力赢得社会与他人的尊重，那他就是一个强者。不过，强者并不等于强势，凡强势者容易盛气凌人，自恃高傲，这类强势者往往是靠经济实力作支撑，或者靠权力背景作支持。

这种强者靠自己一时的优势，目空一切，傲气凌人，霸气十足。不过这样的人只能傲气一时，不可能永远强势，而且这类人往往缺少知心的朋友。社会是多元的也是多彩的，人的生活方式也是多样的，每个人都有自己的选择与追求。我们要走自己的路，寻找自己喜欢的梦，努力做一个真正的强者。

学会坚守

人的一生应该是多彩的，人往往会憧憬自己美好的未来，为实现自己的理想目标而奋斗。然而，在这漫长的过程中，谁都很难预料结果，这就要求我们在实现梦想的过程中，必须学会坚守。

第一，要坚守信仰。坚持共产党的领导，坚持社会主义道路，在正确思想理论的指引下，遵守法律法规，自觉服务于人民。这是前提和基础。第二，要坚守科学。学会用科学文化武装自己，履行好自己的职责，做一个有作为的人。第三，要坚守职责。扮好自己的社会角色，并在担任不同角色中，做出不同的努力，体现出一个人的担当与责任。第四，要坚守追求。人有了追求才能有动力，才能登高望远、奋斗不止。人的一生不能只有一个站立点，要针对自己的角色进行转换，追求不同的目标，实现自己的梦想。第五，要坚守爱心。做有爱心的人才能实现前面几个坚守，一个人只有爱党、爱国、爱人民、爱事业、爱家人，才能头脑清楚，依法行事，依规做人，努力尽责，有所作为。总之，要真正做到以上"五个坚守"，就必须刻苦学习，学习基本理论，学习科学文化知识，学习法律法规，学习处事的方法方式，并在复杂的竞争环境中扎实做到：头脑清醒、说话有理、办事有据、处事有策。

梦想与勇气

梦想有大有小，不同的人有不同的梦想。真正的梦想都是通过自己的努力去奋斗，去挑战，积极地践行才能实现的。然而在实现人生梦想时要有正确的认识、积极的心态和明确的目的，否则，梦想就难以实现，人也不会得到真正的快乐。

坚持中国梦，就要坚持改革发展、创新发展。而我们每个人要实现自己的梦想，首先要对梦想有一个正确的认识。梦想是人生追求的理想，有理想才会有追求；梦想是人生奋斗的目标，有目标就有前行的方向；梦想是人生奋斗的动力，有了明确的目标就有奋斗的动力；梦想是人生幸福的愿望，有了渴望就会加速奋斗；梦想是人生享受的过程，有了过程就会有经历与体验；梦想是对人生意义的感悟，有感悟就有升华，也就有深深的历史记忆，从而可以明白付出与收获的意义，感受成功与幸福的快乐！

梦想是要靠自己去学习、奋斗来实现的，不可能一蹴而就，这是个漫长的过程。在这一过程中有付出、有收获、有享受、有快乐，然而这一切都要自己去坚守。一是要有坚定的信念、足够的勇气，以及战胜困难的决心。二是要坚信在实现梦想的过程中，只要敢挑战，奇迹就一定会发生。因为人类活动的主要目的不是战胜对手，而是战胜自己，超越自己。在挑战自己的过程中首先享受这个过程，再从信心到实际行动等方面去挑战与超越自己，打破自己的纪录。这种挑战与超越会无限地开发自己的潜能与智慧，能把自己所掌握的知识与技能发挥到极致，取得令人意想不到的成绩与收获，从而使人享受到成功的快乐。当然，这种超越实际上就是在挑战自己的不可能，如让对手无法超越的行业之最、中国之最、世界之最。三是要相信坚持就是胜利。这是大家都明白的道理，其关键在于实施。树立起持之以恒的决心，否则，就如逆水行舟，不进则退。四是克服满足的思想，坚持最高标准、最优质量、最佳效果的目标，努力攀登。五是讲求科学方法，努力提高效率、效益。六是要及时解决前行中发生的各种问题，培养和运用得力团队，发扬工匠精神，把事情做到最好、最美。这样，才能让自己享受成功的喜悦，享受成功的过程，留下人生前行中最美好的东西，使自己真正成为一个梦想的践行者、快乐的创造者、幸福的享受者、和善的有为者、文明的传播者和平凡的奉献者。

相信自己

当迷茫遮住了双眼，我就会自责或叹息老天的不公。这时，我总会跌跌撞撞地前行，并立下誓言：相信自己，把握命运。

当盲目地前行时，我的心情与脚步是多么沉重。我凭着自己的热血，在前行的道路上奋斗，从寒冬到初春，一路上风霜雨雪，艰难困苦，彷徨和惆怅一路相伴。不过，我坚信眼前的迷茫是暂时的，我要激起奋斗的意志，坚定信念，探寻前行中的曙光。尽管我经历了严寒与酷暑，我仍用心发誓，一定要把握自己的命运，用自己的知识与精神去实现自己的梦想。

当我用自己稚嫩的肩膀扛起自己命运的时候，我自信、自立、自强，一往直前，满怀信心地去探寻改变命运的路径，始终如一地坚定前行的方向。在前行的路上，我看到了黎明的曙光，犹如生命之舟在大海中找到了航向，朝着期待的彼岸航行，我勇立船头呐喊："我相信自己，我坚持、我奋斗，我即将胜利了！"

当我充满自信，迎着胜利的曙光继续前行时，我会迎来人生中一个又一个意想不到的喜讯。我收获、我快乐、我成长、我思考，不管旁人如何评说，我就是我。我立誓继续前行，要把前行中的痛苦与挫折、成就与压力当作前进的动力、继续前行的加油站，坚定信念，相信自己，憧憬未来，把自己的命运与事业联结起来，在时代的大道上昂首前行。脚踏实地地奋斗，并用自己的辛勤付出与收获，来证明自己奋斗的历程，让自己的人生更加多彩。

过程的感悟

人生是走一条发展自我、修正自我、完善自我、追求自我、证明自我的道路，是非常漫长的。人们总会根据自己的奋斗目标，在实践中不断地修正自己。这种修正甚至可以完全颠覆自己一直追求的目标，改变自己原先的兴趣，死心塌地地去追求新发现的目标，这是新潜能被发掘的体现。这就是信仰与能力碰撞所产生的新火花，它点燃了人们为此奋斗而无怨无悔的前行之心。

人在信心满满地做自己喜欢做的事的过程中，会从奋斗的每一步去体味人生的价值与意义。这并不是因为获得金钱的多少，或者职位的升迁，而是因为在工作过程中，人们会感受到自己的知识与技能的价值，并从中感悟心中的感觉、脑中的记忆、精神的愉悦、追求的乐趣。实践证明，有感觉才会有兴趣，有兴趣才会有动力，有动力才会去追求，有追求才会去付出，有付出才有收获，有收获才会有新的发现，从而使你不断去追求。在这样一个循环往复的过程中，你会有许多回忆，有艰苦奋斗的汗水，复杂心酸的泪水，生死相依合作的友谊、亲人的关心与厚爱，这些经历让你懂得奋斗真正的味道，让你牢记奋斗中的难点与亮点，值得弘扬的精神，以及奋斗的目标。你可以从中获得人生记忆与感悟，理解人生的真正价值与意义。所以，要在奋斗过程中，加强学习与实践，认真地去认识过程，重视过程，善待过程，总结过程，享受过程，这些过程包括应用智慧、知识、技能的过程，付出、检验、收获的过程，生活、消费、旅游的过程。

知识与资历

网络时代信息千变万化，新的东西层出不穷，有许多变化需要人们去了解、学习、掌握，这也对每个人提出了更高的要求。这既为人们学习知识、增加阅历与资历提供了客观环境，也为人们的实际工作与生活带来了巨大的压力。我们需要冷静、客观地面对，认真学习与追求，不断更新自己的知识，掌握新技能，以适应形势发展的需要。在学习知识中要有一个清醒的认识、积极的态度，刻苦学习自己必须具备的知识，用新的知识武装、指导自己，坚定地去迎接新的挑战，完成时代赋予的新任务、新使命。

人在实际工作中，仅仅满足于一般的学习与知识的掌握是不够的，还要在不同领域、不同专业、不同岗位中尝试实践自己所学的知识、理论与技能，在实践中深化自己的认识，积累自己的经验，锻炼自己的能力。这需要我们有以下几种基本能力：知识能力、实际应用与操作能力、组织与协调能力、应变与处理能力、分析与评估能力，以及组织指导能力。简单地说，就是具有执行力，充分发挥内在原动力与创造力，把科学知识与经验结合好、发挥好。在不同条件下历练，积累经验，使自己真正成为一个优秀的工作者，努力为社会做出积极的贡献。

人生就是奋斗

人的一生就那么几十年，可以说很长，也可以说很短。在这个过程中，不同的出身、不同的成长环境、不同的生活条件，会造就不同的生活态度和奋斗精神。一直以来，人们总是为了生活去奋斗，奋斗的过程中有顺利的时候，也有辛苦与艰难的时候。有的人通过奋斗成就了事业，获得了成功，而有的人奋斗后却业绩平平，生活仍旧艰苦，还有一种人不用努力，却可以衣食无忧。不管是哪种情况，人总是要有点精神的，就是说，不管做什么事，都要有明确的出发点、立足点，要立足于做有益于社会、有益于老百姓的事，不管事情大小，业绩大小，都要符合国家与人民的利益。

时代在前进，社会在发展，这要求每个共产党员更加廉洁自律，做人民的公仆，严守法律与道德底线，为党和人民做一个有作为的践行者，做一个有尊严、受人尊敬的人。爱因斯坦曾说："我从来不把安逸和享乐看作生活目的本身——我把这种伦理基础叫作猪栏的理想。照亮我的道路并且不断地给我新的勇气去愉快地正视生活的理想，是善、美、真。"他告诫人们，人一生的价值与意义，在于为他人、为社会创造美好的东西与价值。要实现这个目标就要去奋斗，这个道理应该人人谨记。

人生是一次旅行

人的一生好似旅行一般，只不过这种旅行比较漫长，是一辈子，旅行中有无数个停靠点。在人生的旅途中，我们努力扮演好各种角色，尽情地享受人生的快乐，饱览一路的风景，品尝各种美食。

在人生的旅途中，必然会遇到各种情况，常言道："不经风霜雨雪，哪知路途艰辛。"这就要求我们有坚持和担当，懂得承担与奉献，有足够的耐心与耐力。坚持就是胜利，忍耐就是希望，承受就是意志，无悔就是胸怀，责任就是使命，努力扮演好旅途中的角色，完成人生的旅行，实现多彩的人生之梦！

做人的基本底线

怎样做人的问题，既是一个很严肃的理论问题，也是一个很实在的现实问题。世界观、价值观、人生观可以影响人的一生。人的一生怎么过？有的人过得红红火火，幸福快乐；有的人过得平平淡淡，没什么成就；还有的人一生什么都不顺，什么都没有，可以说是一败涂地。无论哪种状况，在人的一生中，必须坚守做人的三条基本底线：一是创不了业不要败家，当败家子；二是成不了事不要坏事，千万别做成事不足败事有余的人；三是帮不了人不要害人，要做一个堂堂正正有骨气的人。这三条基本底线是每个有良知的人都必须要坚守的。按照这个要求去做人、处事，做好自己的本职工作，尽到每个角色的义务，把当好角色作为践行自己人生价值的过程，努力有所作为，努力做个有益于社会和人民的好人。

关于主旨发言

为了提高教育、教学的效果，组织者通常会举行一定范围内的学习交流活动，以此激发每个人的学习激情，达到互相学习、提高学习效率的目的。为了达到这个目的，组织者往往会寻找一两位中心发言人。怎样做一个中心发言人呢？我认为大致要做好以下几点。

一是确定好发言主题。根据活动的中心、目的、参加讨论的对象、主持者的要求，选好发言的主旨。可以围绕中心主题，也可以从中选择某一个小题进行准备，要做到观点鲜明、议题深刻、论述独到，以具有引导鼓舞的作用。

二是科学布局主讲的内容。根据组织者的要求，以及参与讨论的对象，在确定主旨以后，针对框架内容的构思要做到抓住重点、张扬亮点、解读难点、力克盲点、引入经典、辅以数据、恰当分析、以事论理、科学归纳，以求给人以启示。

三是善于把握主讲时间。在整个发言中，要善于运用语言的技巧，调动听众的情绪，善于把发言的内容、情绪、时间调控起来，切忌拖沓、庸俗，要用热点、难点、疑点等问题，从独特的视角，用思辨的方式做出解读，并辅以实例、数据，举事论理独到。总而言之，要让大家感到有理有据，心悦诚服。

四是善于抓住关键问题。在发言中，不要罗列名词概念，要把功夫下在重点上、要害上，争取做出独到的解读。在事关全面性的问题上，做到态度坚定、是非分明、弘扬正气，展现正能量。在原则性的问题上绝不退缩与妥协，坚决起到抨击与引领的作用。

五是针对对象做认真、全面的准备。具体准备工作要细致，这通常要把握三点：首先要围绕主旨发言收集资料，要求内容准确、新颖；其次是围绕热点问题准备针对问题的预案，回答疑问时做到从容应对；再次就是发言的文字、语言表达要准确、有力、风趣，有感染力，让人感到说话者的语言是流畅的，有理有据的。表达要既犀利又和善，充分运用语言的艺术去打动听众的内心世界，冲击听众的情感防线，得到他们的认同。

当然，在课堂上老师讲好一堂课也是同样的道理，领导做好一个生动的报告，也是同样的道理。

谈话与谈心

谈话与谈心是人们日常工作与生活中经常会遇到的一种思想教育方式。在家庭中，父母找孩子谈话，夫妻间谈心，兄弟姐妹谈话，还有长辈找晚辈谈话。在单位里，领导找下属谈，同事间互谈，还有组织找有关人员谈等。总之，谈话方式多种多样，有随意的、正规的，还有严肃的，这都要根据所谈的对象内容而定。从实践经验看，谈话与谈心是一种最简便的思想教育形式。特别是在工作中，通过谈心可以传达上级的规定与指示，指出工作中的任务与要求，讲明存在的问题与改进意见，让被谈话、谈心者有所改进，以便把工作做好。

谈话与谈心是有区别的，通常谈话都比较正规、严肃，而谈心略显轻松，包含更多的情感交流，谈心不拘地点、时间与场合，比较放松，往往效果不差。在谈话与谈心中要防止居高临下、动则训人的现象发生，还要切忌架子大、口气大，弄不好容易情绪对立，导致约谈者沉默抵抗，效果不佳。要使谈话与谈心的效果好，需要注意谈话的一些方式。首先，要以平等的姿态出现，不要伤害对方的自尊；其次，在交谈中要灵活运用启发提示式、希望激励式、指导帮助式、关心爱护式、商讨交流式、总结思考式、告诫防范式、引导自查式、总结推广式和随机点拨式等不同方式。总之，不管是哪方面的话题，都应坚持以理服人，以情感人，以事警人，以诚待人。

谈话与谈心是做思想教育工作的一种有效方法，是我党政治优势传统中的一种基本方法，是思想政治工作中做好人的思想工作的一种艺术。在与人的谈话与谈心中，要坚持用辩证唯物主义的哲学思想，应用心理学的知识，逻辑思维的基本方法，针对不同的对象，不同的环境条件所产生的不同矛盾与问题，有的放矢地去解决。其中，针对不同对象、不同性质的问题，从不同角度采取不同的谈话方式，用情去沟通，用理去说服，用各种事实去告诫，努力提高谈话的效果。通过谈话与谈心，实现教育人、帮助人的目的。这有利于总结经验教训，指导各类工作顺利进行，推进事业的发展。

思想工作浅谈

我做了一辈子的思政党建工作，有一些践行方面的感悟，但难以继续去发掘、总结。从总体上讲，思想工作是做人的工作。但是，思想工作并不是简单地进行学习教育和谈心，还要与行政管理工作和其他业务性工作相结合。所以，思想工作还包含着管理工作和服务工作。从实践的感悟看，要做好思想政治工作，必须把握几个基本问题。

第一，弄清思想政治工作的基本要素。做思想工作，首先要重视用先进的理论去武装。用说理教育的方法，让对方分清是非与对错，抓住思想问题的主要矛盾，因势利导、循循善诱，既从根本抓起、又从细节入手，把思想工作做细、做实、做好。这是思想工作的基本出发点。

第二，把握思想工作的基本思路。做思想政治工作是总体要求，由于每个人所遇到的问题与矛盾不同，加之每个人的个性特点、接受教育程度及生活环境的不同，就导致产生问题与矛盾的客观环境、条件与对象不同，问题与矛盾的症结及其表现不同。所以，具体情况具体分析，把握好几个基本点。一是分析产生思想问题与矛盾的主客观因素；二是弄清问题与矛盾出现的主要表现形式；三是找准问题与矛盾的影响程度；四是从问题与矛盾出现后的情况分析，找到突破口、切入点；五是防止问题与矛盾的反复出现。

第三，遵循思想政治工作基本原则。思想政治工作是一门科学，它贯穿于所有行业中，是一项神圣的工作。在整个思想政治工作中必须把握的几个基本原则。

（1）教育原则。把思想政治工作的立足点放在思想教育与理论学习上，把着力点放在打好思想基础上，让每个人有一定的处理问题的准则与能力，有一定自我约束的自制力，防止问题与矛盾的升级。

（2）求实原则。在做思想工作的过程中，要切实弄清问题，弄清问题的倾向性、特殊性、差异性、危害性等基本情况。抓好主要矛盾，实事求是地做出理性判断，用科学的方法解决，不留后遗症。

（3）说理原则。努力提高思想政治工作的方式方法，学会解决矛盾的本领。从方式方法上努力做一些探讨，要有高度的政治责任心及认真解决问题和细心服务的爱心。把解决思想问题与解决实际问题结合起来，把思想政治工作做实、做细、做到位。

（4）组织原则。组织原则就是指思想政治工作重在党的组织监管，按级管理，逐级负责，责任与目标到位，做到奖罚分明。建立规范的负责制、问题追责制、奖罚制，形成适应时代发展、适应人的思想变化的客观规律。针对人的思想问题的共性化与个性化的特点，严防客观意外情况发生的特殊性。切实从组织领导的布局上、制度上、措施上形成完整的思想政治工作链条，把问题解决好，严防因疏忽而出现的意外问题发生。切实形成思想工作党委领导，层层分管，责任到位，制度健全，措施严实，弘扬正气，树立典型，形成强有力的思想政治工作机制，做到持之以恒，使思想政治工作生机勃勃，切实有效。

媒体导向小议

媒体导向是世界与社会发展进步的客观要求，是人民意志和政府决心及领导意图的正确表达，是媒体人适应时代发展及自身素质相适应的现实需要，是媒体人才培养院校培养高素质传媒人才的基本课题。那么，要怎样研究这个问题呢？我觉得有一些基本问题值得商讨。围绕媒体导向艺术问题，首先要紧跟时代发展的步伐，适应媒体理念、形态、样式与技术手段的变化，要适应不同受众的良心所向与民生的诉求，要适应国家政策法规的调整及要求，要适应有利于弘扬和平主题及和谐文明与社会稳定之风尚，还要适应有利于高端人才的培养、成长、服务与管理。

在媒体导向艺术的研究和人才培养中，要努力让每个媒体人员弄清五个基本问题。

一是弄清什么是媒体导向艺术及其总体要求；

二是弄清媒体导向艺术的基本内容与任务；

三是弄清媒体导向艺术的基本要素与原则；

四是弄清媒体导向艺术的基本思路与方法；

五是弄清媒体导向艺术的人才培养与素质要求。

培养更多的高端媒体导向人才，要把握好媒体导向艺术，做到理念上有创新能力，全局上有执行能力，政策上有导向能力，突发时有应变能力，危难时有意志力，让学生真正成为站得高、看得远、想得深、做得细、立得牢的优秀媒体人，让人民看到一个在传播中寓事于理、寓理于法、寓法于情、寓情于信、寓信于民、寓民于责的传媒优秀工作者。

教育与引导

教育是教育工作者的责任与义务，同时也是父母的责任，更是各级领导者的责任。教育是国之大事，是中华民族生存发展的基础，是国家兴旺发达强盛的根本。所以教育必须从娃娃抓起，这是不可动摇的基本理念。在教育实践中，曾经有人说抓教育要"小学讲好故事、中学教好知识、大学讲清道理"，这是有一定道理的。当然，教授做人的原则与知识技能是贯穿全过程的。从教育实践的现状来讲，有几点是需要重视和研究的。

第一，教育从娃娃抓起，重点抓好养成。尤其是学龄前儿童，要教其懂礼貌、知对错、懂危险、爱生命、练养成、做好人，这些是最基本的东西。

第二，教育要从引导入手，防止灌注式教育。要教育学生（孩子）能提问、会分辨、有想法、敢表达、勤动手、乐助人、懂感恩、明道理、体收获，引导他们积极向上，健康成长。这大致针对的是小学至中学阶段的孩子。

第三，教育要善于思考。教育孩子善观察、会思考、有见解、有想法、敢提问、敢践行、懂成败、知原因、找对策、不气馁、不言败、不放弃、敢作为。这大致针对的是高中至大学的学生。

在此过程中，还有几点值得教育工作者、家长及各阶层的领导者重视，就是引导和帮助学生正确定位与前行，扬长避短；要成为学生前行的驱动力，不要成为阻力。这主要有以下几点。

第一，要引导学生认识人与自然的关系。教育学生正确认识世界，适应客观环境的变化，养成与自然环境和谐发展的生存意识，并有与自然环境变化做斗争的态度或能力，慢慢地打好思想基础。

第二，要引导学生认识人与社会、人与家庭的基本关系，明确自己的角色、地位与作用，坚持正确的行为方式，更好地融入社会与家庭，做一个对家庭负责任的人，一个有贡献、有价值的社会人。

第三，要引导学生认识人与物质的关系。正确认识人与金钱、权力、名利的关系，用正确的价值观、人生观等去处理在社会实践中遇到的实际问题，用自己的劳动去创造属于自己的价值与幸福。

第四，要引导学生正确认识人与科学的关系。充分认识科学技术的发展与进步，懂得学习新的科学知识与技能，为人类社会的进步与发展服务，为创造社会物质文明与精神文明做出应有的贡献，真正做一个有良知、有价值、有贡献的社会人。

第五，要注意引导学生正确认识中国与世界的关系。用国际战略思维观察世界的变化，掌握其规律，坚定爱国主义精神，坚持正义，弘扬国威，维护尊严，学好本领，服务国家，服务人民。

这就是一个教育工作者的责任与义务，是千千万万个父母的责任与义务，也是各级领导与全社会共同的责任与义务。

浅议班子建设

不同的时代对各级领导班子又会有不同的要求，这是时代、任务与环境变化的需要。因而要求领导班子建设变化是必然的。但要注意，有些党的传统优势是历史形成的，是不能废弃的，好的优良传统必须坚持与发挥。在传统的班子建设中，以下这些传统原则是值得坚持的。

一是党政主官要合拍。在重大问题上能坚持一致，这是选拔党政主官必须首先考虑的问题。

二是班子成员结构要合理。就是在配备各级班子成员时，使成员的知识、能力、特长、经验等方面达到互补。

三是班子成员进出接茬要有利于整体班子的合力，切忌大进大出，影响整体班子成员对情况的熟悉度。

四是管理能力上能互补。在配备成员时，既要重视文化专业素质，又要重视组织实施能力，能凝聚合力，发挥优势，充分发挥集体领导作用。

从现实情况看，这四个方面融入了时代的要求，但也不同程度地存在着一些不足，在新形势下要把优良传统与创新发展融合起来，促进班子建设的创新。

第二篇

做事与感悟

践行之悟

人在实践中总有一些感悟，这种感悟或多或少，或深或浅，因人而异。我在践行中也有一些感悟。

我把自己的感悟草草理了一下，大致有以下几点。

一是理者明。理是为人处事的基础。一个人能识理、知理、懂理、讲理、明理，他就会做到是非分明，能晓之以理、以理服人，照章办事。理先行，事必顺；理待人，人和谐。

二是诚者信。诚是为人处事的准则。诚而无信事不成，诚而有信事则顺。一个人能讲诚信，他就会胸怀坦荡，光明磊落。以诚恳的态度为人处事，取信为民，这种诚实的态度必然会让人对你起敬，从而形成一种无形的力量，团结大家和谐共事，把事情办好。

三是和者亲。历来我们都讲和为贵。俗话说，和气生财，和则两利。在实际工作与生活中能坚持与人为善，宽以待人，以自然平和的心态去处理人和事，就会收到很好的效果，能达到"和者亲、亲而聚"，营造一种亲和、亲热氛围。这有利于和谐共事与处事，把人的精神状态发挥到最佳效果，自然促进和谐创业与发展。

四是仁者容。仁者均以爱与善为前提，有海纳百川的肚量，容百家之言的胸怀，能冷静、理智地听取各方意见，以科学的态度，用自己的理智与聪慧吸纳合理的东西，以仁心、仁术对待遇到的人和事，实现能容则容，使自己的仁心既内化又外化，成为真正融会贯通的智者。

五是静者智。静是佛教修养的一个重要原则，讲的是静下来修心、修身、修行，就是通常人们讲的静下心来，平心静气，以平静的态度去学习和工作，去应对一切遇到的问题。静心能求知、研究学问，能增强知识与技能，能为做好工作创造条件。凡能静下心来的人，往往有一个良好的心态，遇到任何情况与问题，都能静下来思考与应对，不生气、不动怒、不冲动，理智而冷静地把事情做好。所以，冷静是成事的智慧与力量，冲动是坏事的魔鬼。

六是谦者博。谦受益，满招损。虚心使人进步。这些道理大家都懂，但做起来未必都能做好。有的人从来不接受别人的告诫，因此人们也就不愿意与他交流，他也就无法知道自己的问题所在。凡是谦虚的人往往能得到别人的尊重，而别人也愿意与其交流，他也就可以从别人身上汲取有益的东西。以人之长补己之短，使自己的本领变得更大些，这有利于把自己的事情做好，把任务完成得更好。

七是廉者威。俗话说：公生明，廉生威。这是指一个人非常廉洁，他必然会克己奉公、公私分明、洁身自好。廉洁是我国的优良传统，是时代的要求，是共产党人的准则之一。人只有廉洁自律、廉洁做事、廉洁为民，才能立于不败之地。

八是孝者颂。中华民族有讲孝道的优良传统。凡孝者必有仁心、仁爱、仁德，能做到敬老爱幼。如果一个人连生养自己的父母都不尽孝道，怎能要求其为别人尽职呢？尽孝也可以在子女中树立良好的形象。不孝是无理、无知、无德、无爱的自私表现，对长辈父母不孝必会被人们指责，被社会唾弃。

九是公者敬。公有大公小公，而两者必须融合。无小公哪有大公，积小为大，长期坚持必成大公。要做到大公无私、公私分明、先公后私、公而忘私，坚持以国家和人民的利益为重，尽心尽职做好本职工作，在危难紧急关头，不计个人得失，服务祖国与人民。所以，凡是心中装着"公"的人，必然是一个光荣的奉献者，是一个无所畏惧的勇敢者，是一个值得人们尊敬的人。

四个字的思考

人的一生大致可以用四个字——权、利、名、情进行归纳。

一是"权"。这是一个人的基本权利，然而不同的人对"权"有不同的理解与解读，其对"权"的态度与欲望也不尽相同。过去曾流传过一句话："有权就有一切，有权的幸福，无权的痛苦！"当一个人手中的权力变味之后，就会招致意想不到的恶果，从而损害集体、国家的利益，甚至犯下不可饶恕的罪行。

权力是人民给的，是用来为人民服务的，为广大人民群众谋福利的。在社会上，每个人都有自己的权力，但若对"权"没有正确的认识与态度，是难以正确行使权力的。举个最普通的例子，食堂里的工作人员打菜时对颜值高的、顺眼的给的分量就足，对不顺眼的，他的勺子就仿佛长了眼睛，让人有讲不出来的难受。总之，要认识到权力是责任，是使命，是天秤，随时都受群众的监督、实践的检验。所以要为国家、为人民掌好权、用好权。

二是"利"。随着社会经济的发展，人民的物质与文化生活得到了极大丰富。在实际的社会生活与工作中，按照政策要求获取每个人所得的正当利益是无可厚非的。社会分工不同，行业工种不同，每个人的角色不同，其责任与收益也会不同，这使得利益上的差异性是必然的。然而，社会上就存在利用行业与职业间的差异，人为地制造出一些不平等的问题的现象，这些人过分使用权力，导致分配不公，少数人得到不应有的利益。还有少数人钻制度不健全、职责不清、分配不明的空子，利用职权贪占人民的利益，导致腐败犯罪。相反，用正当的劳动获取所得的利益，这是光荣的。在经济社会发展的实践中，要鼓励敢于创造、善于创造的劳动者，让他们获得更多的利益。这是实现国家经济发展、人民富裕，以及实现中国梦的需要。

三是"名"。一个人想成功、成名，从老祖宗那里就有教育要求。名，在某种意义上讲既是精神层面的，又是物质层面的。所以，不论是官员还是学者，他们都想有一个好名声。有的人从小就认真学习，获得不少的荣誉；有的人虽然经过努力，功成名就，但后来他有了贪婪之心，为了获得更大的名，不惜弄虚作假，不择手段地伤害别人，损害集体的利益。这种追名逐利的浮夸作风，伤害了民心，损害了国家利益，败坏了党风。所以，正确对待"名"是一个人良心、党心之检验，切勿图虚名。

四是"情"。这个"情"是具有中华传统美德的情。它包含爱国之情、爱党之情、爱民之情，一生为国家民族事业而奋斗的情感。坚持用自己的实际行动报效祖国，服务人民，这是情的主体精神。当然，还有人与人之间的情感。然而，在改革开放的大潮中，有些人对"情"的理解变味了。他们利用手中的权力骗私情，损害国家与人民的利益，更有甚者其生活极其腐化。这些是我们要坚决抵制的。我们讲的"情"是党联系群众的情，为民谋福利的情，是人与人之间的真情大爱，是携手为实现中国梦共同奋斗的真情！

上面讲的四个字，关乎每一个人，大家都应认真学习、研究，正确对待和处理，尤其是党的干部，更应重视并落实好这几个字。真正做到忠于职责，服务人民，不计名利，努力奋斗，做一个真正优秀的党员干部，做一个有益于人民的人。

起点与动力

当你把希望当作起点，把目标当作动力，你就会满怀信心地向着既定的目标奋进。当你已取得成绩，但把它当作新的起点、新的动力，就会继续加油前行。这时，你的思维认知是比较成熟的，对取得的成就，对未来的任务有一个比较客观、清醒的认识。所以，人应该有一个清醒的认识和良好的心态，以正确的方法对待已有的成功和未来的重任，以非常理智的行动投入新的战斗，去迎接新的挑战，争取新的更大的成功。

但是，现实中有的人把成绩、成果、成功当作骄傲的资本，对自己存在的不足和今后的任务没有清醒的认识，当别人善意提醒时不屑一顾，甚至冷言冷语，这种忘乎所以的心态让人看不起，原来好的合作伙伴也会渐渐疏远。这是一种心智不成熟的表现，也是心态不好的表现。历史经验告诉我们，心态决定成败。一个人一旦心态不好，遇到问题就容易冲动，缺乏冷静思考的能力，处理问题也会考虑不周，漏洞百出，而且不从自身找原因，总是怨天尤人，直到事情到了不可挽回的地步才会清醒，但为时已晚，造成的事实或损失已无法补救。所以，"心态能决定事业的成败，也能决定人的命运"。心态不好的人往往存在嫉妒心与虚荣心，这是他们的心理弱点，为了掩饰内心的弱点，他们会以不实的说辞装门面，以假装内心的强大。起点与动力能测试一个人的认识能力、处事的态度、行事的能力，以及工作作风与对人对事的心态。总之，没有好的心态和正确的认识、处事方式，在前行的路上是很难走远、走好的。

承诺与成长

人从孩子时就会承诺了，为了玩承诺认真完成作业，为了参加同学聚会承诺会按时回来，承诺不乱花钱，不惹事。父母就是在孩子一次次的承诺，一次次的犯错中与孩子一块成长的，也是在这个过程中悟出了父母的责任与担当。

当孩子真正懂事的时候，他的承诺会变成其前进的动力、奋斗的志气与决心。孩子们的承诺有的是口头上的，有的是放在心里头的，有些孩子会在实际行动中暗暗努力，认真实现一个又一个的目标。

成年人的承诺是以信仰为基础的一种人生态度，是做人的一种追求与境界。它不以人的职务和地位高低为转移，而是以人的一种本质上的态度为前提，对自己的承诺负责，用百折不挠的精神迎难而上，勇敢地去排除万难，争取落实承诺。

父母亲的承诺是无私的，是以爱为前提的。他们不仅承诺抚育孩子成长，还要帮助孩子成家，这就是中国式的父母。当孩子成家以后，孩子也都学着像父母那样，承诺要孝顺父母，报答父母的养育之恩。这时的孩子已像父母那样可以肩负起责任与担当了。这就要求孩子在努力实现自己的事业梦想，在组建自己的家庭以后，进行忘我的工作与奉献。正是这样一代一代的传承，形成了人世间自然的承诺定律：承诺—付出—收获—再承诺—再付出—再收获……人的一生就是在不断的承诺中度过的，我们要自觉担当，以积极的人生态度跨入社会，向社会承诺，向国家与人民承诺，向事业承诺，努力做一个敢于承诺的人，一个善于担当的人，一个有益于社会和人民的人。

承诺就是责任

承诺是一种责任，更是一种使命，也是对品行与人格的考验。因此，承诺能反映出一个人的基本素质。

一个人在工作中做出的承诺，不管是什么角色，都是责任与担当。承诺了就要把事情做好，否则会影响其他相关工作甚至全局，因为在工作中的承诺就是责任，自己做出承诺之前就应该认真思考。有些承诺还会涉及法律，甚至生命。

人要善待自己，要善于把握自己的命运。其中很重要的一点就是不要轻易地在别人面前做出承诺，特别是涉及财物方面的事，一定要有法律意识，不要被无端地牵连。在工作方面不能凭热情承诺，要在评估主客观条件后做出承诺，否则会影响大局。涉及朋友关系的承诺，要建立在可信、可行的前提下，否则，承诺了又做不到，这样既伤感情又伤和气。在爱情方面的承诺，要真诚、真实，否则就是欺骗。有一种傻子式的承诺，承诺人心甘情愿地把绳子交给别人，另一头却套在自己的脖子上，随时被别人牵着走，甚至有时会被别人勒得喘不过气来，还有被勒死的危险。现实生活中这种事真不少，尤其在婚恋中，那些盲目的、死心塌地式的恋爱往往就是这样，随口承诺，到头来什么也没有。这种盲目的承诺是要不得的，承诺一定要真诚而谨慎。

做人与做事

凡是用钱能办到的事，就不是什么难事，不值得我们骄傲；凡是用钱难以办到的事，大部分都是值得牢记的，包括知识、智慧、经验、态度与能力的综合表现，还包括做人的情感魅力与价值所在。

当今社会，怪现象很多，有些事本来很好办，可就是办不成；有的事本来难度很大，很难办成，可却简单地办成了。有用钱就能办好的事，也有用钱办不成的事，还有不用钱同样能办好的事。这是一个很复杂的问题，简要地归结起来就是制度问题，当然不排除复杂的人际因素。总之，要办成一件事是很难的，要靠自己的认真践行，用真诚、执着、勤奋、智慧、人格魅力努力去赢得别人的认可。常言道：只有低头才能抬头，只有放下才能提起。总之，态度能决定成败，方法也不可忽视。这就是说，做任何事情既要有正确的态度，又要有灵活的方式方法，只有这样才能把事情办好。俗话说"三分做事七分做人"，也许就是这个道理。

做好人与做小事

做人做事要有善心，不因事小而不为，要把自己的善心贯穿、渗透到日常的工作、生活及人际交往中去，尽力去方便别人。在工作中对同事的缺点或不足的善意提醒，对新同事的指点等都是小事，只要是善意的，不是故意去挑刺的，一般的同事都会表示欢迎并心存感激。还有在人际交往中，如果能尽可能地为老、病、残、孕妇或幼儿提供方便，用温和的态度给予别人帮助，都将会成为人精神上的慰藉。

在现实生活中没有善意、善心的人也存在，这些人遇事没有善心、爱心和耐心。如在一些公共场合表现出无理与自私，态度很不好，待人很不礼貌，甚至恶意攻击别人，动手动脚，影响极坏。一个人如果没有善心、善意，就会变得目中无人，我行我素，会不顾及自己的形象，处处以自我为中心，这种人是无知和自私的。这种人表面看来很神气，实际上内心很孤独，对同事和亲友都很冷淡，留不下好印象。总之，要做个好人首先要从我做起，从小事做起，做好每一件善事，扬善意，做好人。

做好一件事与一事无成

现代社会发展变化很快，工作与生活的压力也很大，但相对的，机会也有很多，关键是当你抓住机会后，能否顺利地做好这件事。大学生毕业后，面临的就是激烈的竞争，如何适应社会是每个年轻人必须面对的问题。有的人选择去支边、去支教、去务农，还有北大毕业生去卖猪肉的。针对这些问题，每个人有不同的认识，有的人认为大学毕业了学非所用，国家培养的人才不是专用可惜了；有的人认为，人各有志，要选择自己喜欢的职业，而且一直做下去，总会做出成就。就拿北大那个卖猪肉的大学生来说，他开了上百家分店，现在有上亿资产，你能说他不成功吗？

人的一生是漫长的，但实际做事的时间是有限的，能用一生的精力去做好一件事，把这件事做好，坚持下去，做到极致，做出成效，这就是对人类社会的贡献，这是一种精神、理念、境界。要把这种精神、理念、境界变为行动，变为奋斗的步伐和成功的果实，就需要坚定的信念与全身心的付出，这种付出就是集智慧、智能、体能于一体，是言行、意志、实践、成果的统一。所以，凡是能一生做好一件事的人，是一个成功者，是一个可敬者，是一个值得学习的人。

在现实的工作与生活中，往往还存在着另一类人，他们也掌握着一定的知识与技能，自以为是，高高在上，夸夸其谈，好像什么都懂，做起事情来却眼高手低，什么也做不好，甚至见异思迁，一事无成。这类人，听不进别人的劝说，自以为聪明，可并不付诸行动，既没有决心，又没有恒心，一生碌碌无为，浑浑噩噩，可以说很可悲。无奈的是，社会上总会有这类少数人，等到他们醒悟时，青春年华已过，追悔莫及，年老无奈也！

万事难求全

人的主观愿望与期望值，总是向着顺利和好的方面，力求把人际关系处理得更好一些，把要做的事做得更好一些，争取有一个好的结果。然而，人们在实际工作与生活中未必都能获得理想的结果。这是为什么呢？这要从客观现实中去探求。首先人的知识结构是受限制的，人的认知水平和践行能力也是有限的，每个人的出身、成长、学识和处事能力都会有差别，更何况人的经历和认知程度也是有区别的。所以，求全仅仅是一种美好的愿望，也是希望实现的目标，是人前行中的一种动力。凡是有求全想法的人，大多是很劳心的人，可以说这种人活得很累，甚至吃力不讨好，被人看不起。为什么会这样？因为凡是想求全的人，在工作中谁都不得罪，老想做好人，结果反而不想得罪的都得罪了，内外不是人。这类人在实际工作中瞻前顾后，缺乏大胆、敢闯的精神，工作往往极为被动，总是落在别人后头，到头来还觉得自己没有闲着，忙忙碌碌很辛苦，其实工作效率很低。究其原因有三：一是思想认识的偏差，对求全缺乏客观的认识，没有分清主次关系、局部与整体的关系，觉得面面俱到就能求全，但实践证明是不可能的；二是思想方法上的偏差，顾前思后讲面子，不奖罚分明，缺乏鲜明的激励机制，老好人一个，谁都不得罪，结果谁都得罪了；三是精神状态上的偏差，缺乏敢闯、敢试、敢创的精神，抓不住重点，把握不住全局，主次不分，容易失去机遇，使工作陷入被动而影响全局。实践告诉我们：祸福相依，顺逆相随，贫富相伴，爱恨相存，圆缺相生。只有坚持宁缺勿全、宁不足而知足，做到能唯时能察缺，方能成圆。

学会面对与适应

在竞争非常激烈的市场经济中，多元化带来了许多挑战。在市场经济的大潮中，只有理念与行动与市场相适应，才能在市场经济的各种环境中把握主动，解决和处理好各种复杂的人和事，从而促进自己事业的发展，使自己立于不败之地。然而，在经济发展中难免会遇到各式各样的问题，这就需要有一个正确的态度去应对，理智地思考，冷静地处理，防止造成损失。这里有几个问题值得注意。一是从长计议看得失。正确把握得与失的辩证关系，要算大账、放弃暂时的"失"，是为了今后长远的"得"。这是思考问题、处理矛盾的基本立足点。二是要注意堵与疏的关系。千万不能凭感情用事，在把握重点、把握规律的同时，要学会疏通各种环节，切勿去赌气和堵路，否则使矛盾扩大升级，更不利于事业的发展与工作的展开，有时甚至要敢于吃亏，甘于吃亏，目的是赢得事业发展的转机。三是要注意"低头"与面子的问题。从某种意义上说，商战中暂时的"低头"是一门艺术，不冲动，要冷静，要懂得暂时的妥协是为了更好的前进，暂时的"低头"是为了长远的抬头，永不丢面子。所以，有时暂时的"低头"，是为了争取生存发展的先机，是为了积蓄前进的力量，做好冲刺的准备，把握好机遇，推动事业再发展，使事业与自己真正都有"面子"与尊严。

沉默与奋斗

我高小毕业后考上了中学。这所中学是我们县的重点中学。录取通知书寄到家里以后，全家都很高兴，可是这样的高兴很快便消失了，取而代之的是爸妈满脸的愁容。爸爸妈妈在一边嘀咕着什么，我虽然不知道，但我从他们讲话的神态中看得出，肯定是在讲我上学的事，而且好像是在讲钱的问题。后来只听妈妈说，家里实在拿不出上学的钱。学校的老师找到我们家，当时我跟父亲在地里干活，老师就赶到了地头做我父亲的工作，老师说："孩子考了不去读是很可惜的，今年录取要求很高，一百个考生才录取不到二十个，这是很不容易的。"父亲不善言辞，只是回答老师说："家里穷，实在交不起学费，就不读了，谢谢老师的好意。"老师和我父亲还说了很多话，提到可以去亲戚家借一点，他回学校看看能否减免一些。我父亲还是没有表态，老师也只好无奈地走了。

过了一段日子，在部队当兵的四叔不知如何知道了我考上中学却没有钱交学费的事情。那时当兵的也没有什么钱，他却给我寄来了十元钱，还有一支钢笔、一个笔记本、一叠稿纸。东西是寄给爷爷的，爷爷把钱收起来了，其他东西给了我，我也是很高兴的。时间一天一天过去，也不见爸妈有什么动静，我也不敢问能不能去上学。说实在的，我心里还是很想去读书的，但我不敢说，也不敢问，一直到了开学那天，家里人也没有说是否让我去上学。就这样，我就没有去上学了。

这是六十多年前的事，也就是一九五四年，那年我们中心小学全班四十几个学生，最后去考的同学不算多，考上的基本都去上学了。我失去了上学的机会，无奈从年少时起就开始割猪草、放牛、干农活。后来，我参加互助组、合作社，参加大办钢铁、学习兽医、当民办教师、学习建筑设计，直至参军保卫祖国。最后，我从事教育事业十年后退休。这就是我的人生。在人的一生中，有许多东西是不可能如愿的，但只要敢于坚持学习与奋斗，你获得的比你预想的还要多。

激励与动力

人生七十古来稀。七十岁不算大，也不是很小。走过七十年以后，你会有许多感慨，尤其是经历过艰难困苦后，更会感慨万千。

我出生的那年，日本鬼子侵占了我的家乡，那时我刚出生三个月。家乡沦陷后，我父母带着尚在襁褓中的我逃到了异地的山区。当时环境艰苦，生活无着落，母亲用很少的奶水支撑着我的生命，由于营养不良，我母亲眼睛都看不见了。这些情况是母亲后来断断续续给我讲的。在我五岁时，母亲得了一场大病，当时我什么也不懂，只能默默地站在母亲的床边。母亲躺在那里，双目紧闭，父亲去请郎中还没回来。那天天气很热，正是吃饭的时候，由于我吃得比较慢，二婶就把我手里的饭碗夺走了，当时我碗里的饭还没有吃完，二婶这一举动让我至今难忘。七岁时，家庭父辈之间闹矛盾，三叔用铁锹把锅砸了，家里闹得一塌糊涂，只能分家了。这年我开始上学，分家后家里经济状况很不好，父母还是让我继续去读书。母亲说，不读书怎么行，不能做睁眼瞎子。为了让我读书，家里把豆种卖掉给我买来一双雨鞋。我在十岁之前基本没有穿过新衣服，都是穿别人穿过的旧衣服，到了十岁生日才有了一件新棉衣。我从小就学会了各种劳动，八岁就开始放牛、割猪草、割稻、割麦、种豆等简单的农活，到了十岁学会了插秧，十二岁上山砍柴，到城里去卖菜，十四岁学会用犁田，也学会和母亲一起把麦子种下去。

十四岁那年，我考上了县一中，却辍学了。从那之后，我经历了很多，其中，有很多辛酸，也有很多快乐，有很多追求，也有一些成就。我深深感到，人生就是学习、历练、感悟、追求的过程。

在学习中坚持，在奋斗中前行，在前行中追求，在追求中实现，在实现中思考，再从思考中奋起，一直坚持不懈，必将在奋斗中体会到人生特有的快乐，实现自己的价值和梦想。有的人会美梦成真，但也有人一辈子都不能实现梦想，但我认为享受这实现的过程就是奋斗的意义。

过程与结果

人在做任何事情时，都想取得比较理想的结果，这符合人们通常实践活动的基本思维和一般要求。比如，农民种地就是为了有好的收成，工人做工就是为了生产出好的产品，科学家就是要研究出更多新的科学成果，医生就是要看好病。然而，人不仅仅要获得这些结果，在实现这些目标的同时，还要享受这个过程，领悟人生的另一种乐趣，那就是一种崇高的精神塑造与锤炼，一种服务意识的增强和优化。只有这样，才能更加踏实与自觉地为国家和民族的兴旺发达、为社会大众无私地奉献。感悟实践的过程要比收获结果更宝贵。因为有了这个感悟与精神，才能不断创新和超越现在所做的一切，向更高的山峰攀登，获取前行中一个又一个的胜利。所以人在实践中既要重视结果，又要重视实践的过程，并认真地去感悟其真实的内涵与意义。

在实践中，并非所有结果都能很顺利地达到你所需要的目的，有时你即使付出了也不见得就有收获。这时，就需要冷静地思考，理智地应对，从主观和客观两个方面认真地寻找原因，重新振作起来，审慎地进行实践。只有这样，才会达到预想的结果，有时可能比预想的结果还要好。

你要懂得做任何事情，过程是完整的，是复杂的，也是漫长的，不能马虎。对待任何事情的过程都要重视过程中的关键点、成败的致命点，要慎之又慎、细之又细，要懂得细节决定成败的道理。你要明确你的认知和技能是实现结果的条件，而过程才是检验你认知和技能试金石，更重要的是，过程检验了你的认知能力、实践应用能力、适时观察能力、克服困难避险的能力，以及融入团队的能力。总之，人要善于从做事的过程中去感悟，这是宝贵的精神财富。

机遇靠自己去创造

人在实现自己梦想的过程中，会有许许多多的困难，对此，我们总会努力学习，勤劳奋斗，一步一步地接近自己的目标或梦想。不过，实践的过程并非一帆风顺，人们都会盼望有好心人能助自己一臂之力，或给自己创造一个机遇或平台，以便快速到达梦想的彼岸。可是，现实是很残酷的，在千军万马奔跑的路上，谁又会停下脚步停靠在一边让你先跑呢？现实告诉你是不可能的，这就要你面对现实，努力学会适应、生存和奋斗。千万别整天梦想上天的恩赐，机遇是靠自己创造的，创造是要付出的，而付出不仅仅是指辛勤的汗水，还有不服输、不怕挫折、毫不气馁的精神，以及审时度势的冷静思考、理智应对各种复杂情况的智慧。靠自己的知识与技能、勤劳与奋斗、智慧与潜能正确处理社会人际关系，这才是立足社会的基础能力；掌握现代技术，努力做到熟练使用信息资源，用创造性的思维去开拓自己想要做的事业，这是实现人生梦想的基本条件；善于去累积和聚集各种资本和资源，并科学地运用这些资本、资源为实现自己的梦想服务，这是长远发展的必备条件。常言道，机遇是给有准备的人的。而有准备不是消极的等待，要积极地去争取，只要肯努力付出，肯勤劳奋斗，机遇一定到来。

履职与担当

在实际工作过程中，当组织和领导尝试信任你的时候，自然会把你放到一个合适的岗位，让你挑起重担。这时，你要做的是认真履职，有所担当，有所作为。这是组织和领导的期望，也是广大群众拥护你的初衷。应该说，在实践中许多人都能认真坚守自己的职责，遵纪守法，深入实践，做出成绩。但也有少数的人，当其达到一定的职位高度以后，忘记了责任给他的使命，特别是拥有了权利后，就不自觉地以权谋私，他还会在领导面前讲大话空话，搞欺骗，用吹捧的手段赢得领导的好感，这种人最终会弄得身败名裂，甚至走上犯罪的道路。这些教训告诫我们，忘记理想信念，忘记共产党人的宗旨，忘记自己职责与义务，忘记党纪国法，忘记组织与人民的重托，忘记新时期的复杂形势和特点，最终会被自己所打倒。每一个共产党人应清醒地认清新形势，把握新特点，掌握新规律，坚持新思维，守望新防线，做出新业绩，给党和人民交出合格的答卷。这不能仅满足于决心与口号，具体要抓落实，付诸行动，主要有以下几点。

一是不断加强学习，坚持科学思维。要不断地学习新的理论知识、科学技能，用科学的思维方法去分析、把握新形势，预测、分析新情况，掌握事物发展的新规律，用科学的态度、方法、手段应对一切复杂的情况，把科学的思想、方法、举措贯彻于决策与工作的全过程，保持大局与前进方向。

二是要坚守岗位职责，牢牢把握全局。每个人都仿佛是棋盘上的一个子，不管是"车""马""炮"，还是小小的"兵"与"卒"，都有自己的职责与分工，最主要的是发挥自己的主观能动性、积极性、协调性、全局性，把自己的职能与优势发挥到极致，为各项任务完成与胜利做出贡献。

三是坚持质效是生命，推进全面发展。这就是说，每一个岗位与角色，都要做到最好、最佳、最优。自己所辖和担负的工作，要用自己的心血、智慧去创造最佳的效益和最好的质量，并以此推动社会事业、社会经济的全面发展。

四是学会统筹规划，凝心聚力同奋斗。统筹是一门领导艺术，规划是领导决策的智慧。凝聚和团结广大群众一起奋斗，是一个领导者的魄力和凝聚力的综合体现。无论大小岗位的领导都应认真学习、研究科学的领导方法与艺术，以最科学的方法做出判断、决策、规划与实施，并最大限度地调动广大群众的积极性、创造性，努力创造最出色的业绩，创造性地为全局的发展做出新的贡献。

做事要学会坚守

在实际工作中，每个人都会遇到各种困难或挑战。在难题面前是坚定信念，还是急躁无方，或者畏缩不前，这都反映了一个人做事与处理问题的态度。有时，人应用积极的态度去学习"狼"性。在内蒙古大草原，冬天白雪茫茫，灰狼为了追寻猎物在草原到处奔跑，甚至为捕猎物充饥，会在草原上往返奔跑，或者为了猎物追寻百里，耐心地在严寒中守候、等待时机，目的就是获取美餐。这是自然界真实的故事。这告诉我们一个朴实的道理，一个人不管做什么事都要有耐心，学会冷静地思考与坚守。失败也就在那百分之一的急躁中产生的。因此，我们一定要坚守三条准则：一是自己决定的目标，不能遇到困难就动摇，一定要坚持到底；二是自己下的决心，不能因受到挫折半途而废；三是自己的誓言、意志不能动摇，更不能改变。要始终如一的坚守，才能把自己的誓言、决心变为行动，实现自己的梦想。所以，在努力奋斗中学会冷静地思考，耐心地坚守，智慧地应对，是对一个人的学识、性格、修养与处事的方法艺术的一个实际检验，也是一个人的成功之道。

抉择需要诚实奋斗

人在学习、工作或生活中，会遇到各种具体问题，尤其是即将走上社会或刚跨入社会的年轻人，往往会面临两个基本问题，一个是就业问题，一个是恋爱婚姻问题。不管哪个问题，都要特别注意，看不到希望的事，再努力也是没有结果的。明知没有结果还要去坚持、去努力、去追求，会让你的心更累，甚至更痛。这就是人性的弱点和思维的误区。当然，也不排除感动"上天"的恩赐会出现，但那是太渺茫的事。俗话说，"不到黄河心不死""不撞南墙不回头"。凡是经历过这个过程与痛苦的人，都会非常珍惜时间，从失误中慢慢清醒过来。人要学会从失败或痛苦中吸取教训。凡双向的事情，与对象都要有一个沟通、了解、融合的过程，不可能一厢情愿，只要能有心灵的碰撞，才能有情感的交流，交流才会升华。随着时间的推移而达到双方相容、相适、相知、相爱，在不断前行中相拥。同样，在寻求工作的过程中也是同样，需求相吻合，岗位相对应，待遇相契合，这样才有可能找到适合发展的平台。但是，找到工作平台还需要自己去摸索与体会，用最佳的状态投入工作，最短的时间熟悉岗位，最有效的方式做出成绩，这自然会为你今后的发展开个好头。否则，你就可能会失去这个平台或发展的机会。婚姻中亦然。所以，要用真诚与奋斗来面对工作、生活中的种种，空口无凭是没有用的，一定要有信仰，要有担当，要有目标，要有规划，要脚踏实地地去奋斗。

成功靠奋斗

每个人都渴望成功，然而在人的一生中，成功与失败总是相伴而行。实践证明：成功者之所以成功，是因为他选择了正确的前进方向，有坚定的信念与意志，能够脚踏实地地努力奋斗，为实现前进中的每个目标，刻苦学习，认真钻研，积极工作，不懈奋斗；失败者之所以失败，是因为选错了奋斗目标，缺乏获取成功的正确态度与积极心态，遇事怨天尤人，不认真从自身找原因，听不进别人的劝告，经常用自己的虚荣心来营造未来，构建自己的梦想。用不切合实际的理念来放任自己，这是一种很危险的梦想，而且是注定要失败的幻想。原因是世界上没有不经自己努力付出就能得到收获的好事，"天上是不会掉馅饼的"。

人的一生成功与否，每个人都有不同的标准与期望值，有目标要比没有目标好，目标的大小因人而异。但人只要有一种脚踏实地的奋斗精神，只要不断地坚持与付出，终究会有收获。总之，人的一生要有正确的前进方向与动力，有良好的心态，有积极的行动，长期坚持不懈地奋斗与付出，就能有收获。

怎样才算成功

每个人在懂事、求学、就业的过程中，都会追求自己的梦想，并渴望成功。但事实并不如理想那样，既可能成功，又可能失败。关键是在经济社会发展的过程中，能用战略的眼光与视野，认真地去观察、分析、探索社会经济发展的规律，并从某个切入点把握竞争的机遇，运用自己的知识与技能，敢创敢试，发扬与坚持"敢作为"的精神，踏踏实实地做好每一件事，并力求有所突破与创新。

在我看来，成功是多元的，起码有以下几个主要的基本要素：一是有值得欣慰的事业与成就，二是有值得骄傲的温馨家庭与健康，三是有值得感恩的长辈与亲情，四是有值得尊敬的师长与朋友，五是有值得骄傲的子女与后代，六是有值得珍惜的贵人与密友，七是有值得深信和依靠的团队，八是有值得坚守的操守与品行。只有这样才能自信地去实现自己的梦想，永远顺利前行。

一个人如能认真地去实现这些目标，那就是一个成功者。但仅仅有事业、物质上的成功是不圆满的，即使家财万贯，其他方面的缺憾很多，那还是个不圆满的成功人。如今社会中有许多人事业是成功了，家庭却破碎了，老人也被冷落了。切记，在事业成功之时，莫忘亲情、家人与朋友，特别是曾经帮助过自己的那些朋友，这些是成就你事业的贵人，一定要懂得感恩。

成功时想到什么

追求事业成功是每个人的愿望，也有不少人成功以后不再辉煌。这里就有一个问题：当你的事业取得了很大的发展时，你想的是什么？通常都会想到认真总结，继续努力，争取更好的发展与成功。这是对的，也是毫无疑问的，但是，这还不够。当你在实际工作中很顺利地完成了你负责的任务，并取得了比较满意的结果，别人会报以赞赏，领导会给予充分的肯定与表彰。这时，你更应冷静地思考，这种成功绝不是单纯的个人行为所带来的，还有成就你事业的这个时代、工作平台、你的合作伙伴与朋友、相关部门的支持，以及前人提供的经验教训。不仅如此，生活中传授给你知识的导师、养育你的父母亲、默默奉献和支持你的爱人与孩子……这一切的一切都是成就你事业的不可或缺的动力。当然这些是外在的动力，它驱动了你内在的动力，使你全身心地投入你所从事的事业并有所作为，这就是成功之道。所以，当你成功之时，正是你冷静思考之时，也是你继续前行之时。

角色与价值

劳动创造世界，劳动创造一切，这是不变的真理。人劳动的价值在于为人类社会发展与改善人民的物质文化生活而做出的积极的贡献，在于用自己毕生的智慧与精力，用自己积极的行动与成果，去服务社会和群众，使自己的一生无憾。对于一个普通的劳动者来说，要努力做到：对党、国家、民族无限热爱，赤胆忠心，鞠躬尽瘁，全心全意；对事业与工作尽职尽责，严守岗位，自觉奉献；对同事与朋友真情相待，和谐相处，团结所有人合作共事，做好工作，做出业绩；对家人和亲人满怀深情，倾心相爱，默默坚守与奉献，无怨无悔，爱在心中，落实在行动。这样去努力、奋斗、拼搏，虽然很辛苦，但会很快乐。人类奋斗的最终目的就是实现快乐！人生中没有不用付出的快乐，要想快乐就要有付出，苦乐同舟，虽苦犹荣，虽苦而乐！苦与乐并存是事物发展的必然规律，也是人生历程的必然。关键在于，每个人要自觉地经历，正确地认知，积极地去面对、去坚持，并不懈地做到底，乐在其中！

价值是多元的，有价值的大小之分。然而，价值不在于大小，而在于人在社会发展中的存在与作用。俗话说：人便是才。要发挥这个"才"的作用，产生最大的价值，关键要把这个"才"放在合适的地方。所以，人要正确认识和对待自己的角色与价值。只要把自己的角色作用发挥到极致，那就是最大的价值。因而，每个人都应把自己放进人类社会发展的大局中去，参与创造与发展的大潮中去。一滴水掀不起浪花，但一旦融进了奔腾不息的改革创新发展的大潮，这就是价值所在。

放下、坚持与前行

　　人认识事物时应该进行客观、全面的分析，这样就会避免片面性，而能较为正确地决定坚持或放弃。人的一生不可能一帆风顺，也不可能一直沿用已有的经验，这就要求人们要不断去探求新的东西。所以，就必须适时地学会理智地忘记过去，放下自己曾经成功的荣誉或某些有用的经验。这是站在发展的理念上来思考的。

　　在前行的过程中，遇到的情况千变万化，情况是复杂的，任务是艰巨的，甚至是尖锐复杂的。在这种情况下，人要勇敢地面对，理智地辨析，果断地行动，做到忘记过去，科学地规划自己的未来，脚踏实地地奋斗。在这个过程中，要把握四点。一是把国家、民族的尊严与利益始终放在首位，自觉用这一基点统率自己的一切言行，放下自己的一切，自觉捍卫国家民族的最高利益。二是理智地放下自己取得的成绩、成功的经验，把它当作前行的新起点，切实做到轻装上阵、继续前行。三是清醒地放下前行中遇到的困难、失败。用跌倒了就爬起来的勇气和精神，百折不挠，迎着困难上，用科学的方法战胜一切困难，学会团结所有人去共同迎接新的任务，直至取得胜利。四是学会冷静地放下前行中所遇到的不顺、不利、不公，千万别去记恨，记恨是懦弱的表现，要保持强大的心理状态，只有忘记了才会有好的心态、好的精神状态，持续的针锋相对将会使自己遭受损失，甚至失败。要懂得退一步海阔天空，有时暂时的退是为了更好的进，最后夺取胜利。

前行中的要素

在人生前行的过程中，有些事情是需要正确地去面对的。有的人家庭条件好，有的人家庭条件差，必须正确认识和理智面对这种客观的差异性。认真把握人生前行中的一些基本要素，用正确的态度与行动践行自己的理想与梦想，一步一个脚印地前行，用自己的知识与技能、智慧与能力、心血与汗水，去战胜一个又一个困难，取得一个又一个胜利，只有这样才能获得预想不到的成果，迎来多彩的人生。

在这个过程中必须把握三个基本问题。一是要善于认识自己，能动地融入社会。学习适应社会，把握与社会和他人相融的知识、道理、能力及艺术，这样才能联系社会和他人，才能有效地立住脚；二是要善于学习和把握必要的知识技能。一个人要真正立足社会必须要有立身的知识与技能，要有一技之长，哪怕是没有突出的知识与技能，诚实的劳动态度、吃苦耐劳的精神也都是立足之本。三是要善于抓住机遇。常言道：机遇是给有准备的人的。这说明一个道理，那就是做什么事都要有准备，不打无准备之仗。要想改变自己的现状，要有正确的态度与行动，把自己的决心与行动落到实处，努力去迎接各种挑战，勇敢去面对、去学习、去思考、去感悟、去奋斗、去战胜。

针对以上三个基本要素，就必须做到持之以恒，珍惜时间，牢记"时间就是金钱，时间就是生命，时间就是胜利"的哲理，努力学习人生所需要的各种知识，认真把基础打牢，在实现自己梦想的过程中把握自己必须掌握的技能，弘扬自己的优点，创造出业绩，获得社会与他人的认可。一个有知识、有智慧的勇者，必将通过奋斗取得成功，并将创造出精彩的人生。一个人只有正确地认识自己、武装自己、证明自己，并随时战胜自己，才会获得人生的价值，获得人生的幸福。

人总是受客观环境的影响

人是生活在一定的客观环境中的，自然会受客观环境的影响。如正常人突然受到惊吓，会心跳加快、神态紧张，甚至语言表达不畅，虽然有时会强作镇定，但人的表情难以掩饰异样。同理，当执行危险任务时，人也会出现紧张的心理状态。这就是人的思维受到刺激后的心理波动。

心理学研究证明，关注人的心理状态变化，是研究人的生命自然状态的基本认知。人的生命自然状态变化了，必然会导致人的心理、人的形体、人的神态、人的各个系统（即呼吸系统、血液系统、神经系统、分泌系统、消化系统）等都会发生变化，不同程度地影响着人的身体健康。研究人的心理时，要从人的生命自然状态的变化入手，联系客观环境的作用与影响，认真、细致地去观察和把握每个人在不同环境条件下产生的各种变化，对人的本性、性格、风格、特点、出身、成长环境、经济地位及其家族，以及所有的细节、信息进行连贯的综合的分析和必要的验证。这是心理工作者、教育与管理工作者必须认真去学习和研究的问题。此外，根据不同的对象在不同的客观环境中学习、成长、工作的经历及对其的作用与影响，要全面客观地去分析、把握每个人的积极的心理，帮助克服消极的心理，让每个人健康成长，积极工作。

智者易立

要实现自己的理想，必须努力学习与修行，把自己锤炼成一个智者，因为智者必成大器，能使自己立于不败之地，有所成就。凡智者，即会表现出一下特征：

心静智高，能谋大事，掌控全局，易取得胜利；心机智博，能聚众贤，凝聚力量，易达成所愿；心慈智深，能识大局，集思广益，易谋略长远；心善智远，能避风险，大度若谷，易退为攻，最终获取全胜。

总之，一个人的学习若能联系实际，并重视应用和探索，他就会不断地进取与升华，真正做到智而博，博而深，深而高，高而远，有勇有谋，刚柔并济。不管在什么条件下，遇到什么样的情况，不管困难多大，风险多高，他都能谋略在胸，排除各种困难与风险，最终获得成功。

然而，这不可能光凭想象就能做到，要努力学习，不断进取，不屈不挠地长期奋斗与坚持，才能积累你的智慧和科学态度。

信念与命运

春节快到了，按照习俗，家家户户都要贴春联。那年我十六岁，打扫好卫生以后，我就想自己动手写春联。想了几天后，我就写了

"为有牺牲多壮志，敢教日月换新天"。写好后我就把对联贴在中堂，心中暗自高兴和得意。然而，当天隔壁邻居知道后很不理解，说大过年的还写什么"牺牲"这样的话。可是对于我来说，它代表了一个热血青年的心情，暗示着我内心想要改变自己命运的想法，是我前进的动力。

当迷茫遮蔽了我的双眼，当我想叹息命运的不公时，总会用"相信自己、把握命运"来激励自己，然后跌跌撞撞继续前行。

当我毫无目标地出门闯荡时，我带着自己的青春热血，在人海茫茫中寻路，从寒冬至初春，我彷徨过，惆怅过，不甘过，但我深信路在脚下，只要我有信念，就能探寻到前行中的曙光。我一直告诉自己坚持下去，也许命运就会在自己的坚持与努力之中有所改变。

当我用稚嫩的肩膀扛起独立生存的命运之时，我是多么脆弱与无助。求生的本能让我自信、自强、自立，敢于与各种困难做斗争。在这个过程中，我始终不气馁、奋斗坚持，充满自信地去探寻改变命运的路径。在大千世界中，在不懈地奋斗与前行中，我终于看到了黎明的曙光，仿佛生命之舟在大海中看到了彼岸。

当我充满自信与喜悦地前行之时，我时时告诫自己，永不放松，继续前行。我在前行中深刻地体会到苦与乐、幸运与不幸、收获与失败，从中懂得了奋斗、知识与志气的重要性。我在前行中不断地得到了收获，我快乐地成长，同时也有烦恼。后来我下定决心，不管他人如何评说与议论，我就是我，我要走自己的路，百折不挠、不断前行。我把痛苦与挫折、成就与压力，当作无穷的动力和前进的加油站，继续坚定信念，挺直脊梁，加快步伐，永远前行。

坚持"五不"并举

我在前几年曾经看过一本书《中国可以说不》，当时看了以后觉得非常受鼓舞，感到长了中国人的志气、骨气、神气，振奋了精神。这说明中国发展了、强大了，在国际舞台上敢于迎接挑战，在傲慢的国家面前敢于说不，敢于亮剑，传达了中国的声音、中国的志气。这是中国的民族精神，是值得大赞的正能量。然而，最近有文章从另一个角度做了解析，我觉得也很有道理。刘心武在一篇文章中谈了王小波对《中国可以说不》一书观点的不同认识。他说，对世界、对人类的认知与"中国可以说不"的宣示是相拗的。他十分明确地说，说"不"这样不好，一说"不"就把"门"关了，路堵了，桥拆了，这样不利于世界矛盾的解决。他说从人类几个关键历史时期的"文明碰撞"中，感悟到人类应该聪明起来，提前在对抗里揉进对话，在冲突里预设让步与双存。不管如何敌对与对抗，最后还是要坐下来对话。他讲的论点是有积极意义的，值得研究与思考的。但是世界形式是复杂的，是变幻莫测的，有些事项是可预测的，有些是难以预测的，所以，必须做好"软"与"硬"两手的准备，迎接世界事务中各种复杂的局面，这有利于我国经济的快速发展，实现中华民族的伟大复兴，实现中国梦。

在人类社会发展中，充满着各种复杂的利益矛盾，有时甚至需要付诸武力。不管矛盾冲突如何剧烈，对抗终究不是唯一的办法。正视存在的各种复杂矛盾，冷静地坐下来面谈，共同寻找矛盾冲突的焦点，从中找出互相可以接受的契合点，用时进时退的策略，找到相互都能接受或妥协的办法，用和平的手段解决争端，取得互惠共赢。这有利于国家战略的全面推进，有利于国家"一带一路"倡议的实施，有利于推进世界和平发展。

在维护世界和平发展的大局中，保证我国"一带一路"倡议的顺利实施，就要站在维护中华民族最高利益与尊严的高度，坚持"五不"的战略思维去应对一切、处理一切。所谓"五不"，就是"不随便关门，不随意堵路，不随便拆桥，不随意冲突，不随意对抗"。否则，就会干扰大局，影响大局。所以，世界上的事是复杂的，不可能一蹴而就，要有足够的耐心和智慧，有理有利、有力有节地把各种问题解决好。在坚持"五不"的过程中，一定要坚持中国人的志气、骨气，敢于坚定地发声，坚定地发威，坚定地发力，沉着地应对，坚守国家的最高利益与人民的利益，促进世界的和平发展，实现中国梦！

喜迎中国梦

中国梦的核心目标可以概括为"两个一百年"的目标，那就是，到2021年中国共产党成立100周年和2049年中华人民共和国成立100周年时，逐步并最终顺利实现中华民族的伟大复兴。具体表现是国家富强、民族振兴、人民幸福，实现途径是走中国特色的社会主义道路、坚持中国特色社会主义理论体系、弘扬民族精神、凝聚中国力量，实施手段是政治、经济、文化、社会、生态文明五位一体建设。

在实现中国梦的实践过程中，每个共产党员都要遵照党章、宪法的规定约束自己。作为一个退休的党员，对党、对国家、对人民要做一些有益的事，真正做到无愧于共产党员的称号。对于我们这些有五十多年党龄的老党员来说，坚决地拥护党的路线、方针、政策，努力做践行中国梦的宣传员、志愿者，不给组织增麻烦、不给家人增压力、不给自己寻烦恼，以自己的实际行动，满怀信心地迎接中国梦！

第三篇

做人与修养

做个有作为的人

大家都明白一个道理，那就是水果成熟了才好吃。而同样的道理，一个人，不管是男人还是女人，成熟了就显得老练沉稳，受人尊敬。而要成为这样一个成熟的人就要靠知识的积累，靠诚实的劳动，在实践中锤炼自己的意志与性格；靠真诚待人，遇事站在对方的立场思考，尽职尽力地服务他人。其实，在日常生活中，一个人很难做到容忍所有的人和事，心平气和地应对所有的事情。我认为，能用最大的勇气认真去做好那些难以做好的事，敢于迎难而上，绝不推诿，这就是一个成熟的人。

作为学校的领导和教师，就是要登高望远，努力引导每个学生做到有度量，能容忍那些难以容忍的事；坚持有勇气，去做好那些难以做好的事；懂得用智慧，去处理那些难以处理的事。让每个学生具有这种品行与素质、胆识与本领、精神与担当，让他们努力为国家、为社会尽职服务，勇于担当时代赋予的历史重任，争当承担光荣使命的继承者、担当者、开创者、服务者、传承者，真正成为一个有作为的人。

做个平凡人

怎样做人，做一个什么样的人，每个人都会有自己的思考。但是，每个人的出发点、思路是不同的，有差异是正常的。通常讲的做一个好人，我想大致要从这五个方面出发去思考。

一是做一个有作为的人。不管一个人的能力是大是小，起码要体现其价值取向和信仰意识，努力去做一些有益的工作和有积极意义的事，为社会、为他人有所作为、有所奉献。二是要做一个孝顺的人。对父母、对长辈要敬重、要关爱、要赡养，即使不能做到最好，起码也别让人说做得最差。要牢记中华民族的优良传统。三是要做一个有诚信的人。对在前行过程中教育自己、帮助自己、扶持自己的人，一定要知恩图报，永远有一颗感恩的心，对帮助自己的人永生不忘，千万不能忘恩负义、恩将仇报。四是要做称职的父母。一旦成家，就要有所担当，负起责任，对自己的子女要悉心培养教育，让孩子健康成长。要从对国家、社会负责的高度去培养好孩子，让他们健康地走向社会。五是要做一个合作有为的人。对待事业、对待朋友，要有一个宽广的胸怀，善于听取不同意见，合作共事，坚持以事业为重，以友情为重，以大局为重，团结所有人通力合作，努力去开创事业，为社会、为人民做出应有的贡献。

总之，要刻苦学习、洁身自好；要尽职奉献，量力而行；要立业为重，有所作为；要克己奉公，廉洁自律；要厚德立孝，和善持家。切实做一个实实在在、有所作为的平凡人。

怎样与人相处

在实际工作中如何与人相处，是一门深奥的艺术。因为每个人的成长环境的不同，出身地位的不同，生活环境的不同，加之知识掌握的程度不同，这就形成了每个人不同的性格与风格。所以，如何在一个工作的环境中与大家相处好是值得注意的问题。

我认为要正确地认识自己，客观地对待别人。坚持和谐相处，努力实现互勉共进。这是正常情况下的为人处事之道，也是取得良好人际关系的基本路径。不过，现实生活中不可能所有人都是好相处的，有固执的人，有小心眼的人，有私心重的人，当然，还有开朗的人、不计较的人、热心的人，也有少数冷淡不合群的人。总之，不管哪一种，只要你用心去对待，多观察发现别人的长处，扬长避短，还是可以与其相融共处的。

在实际的工作与生活中，如果你能遇到一个随时可以为自己付出的人，这是值得你珍惜的好人、挚友。所以，人与人相处要看对方的真心与实际表现，要了解对方的心态、动机、行为、环境等的综合情况，不能被一时一事所左右。此外，要善于从细节上去观察、分析，了解一个人的真实意图，有的放矢地处理好人际关系，防止盲目吃亏。在与人相处中，要特别注意这几类人，一是爱学习、信口开河、政治性不强的人；二是看风使舵、投机取巧的人；三是私心很重、见利忘义、公报私仇的人；四是当面一套、背后一套，吹牛撒谎，欺上瞒下，争功诿过的人；五是不求上进、嫉贤妒能、制造矛盾的人；六是品行不好、德行很差、恩将仇报、不懂感恩的人；七是有点权力就耀武扬威、损公利己、徇私舞弊的人。这几种人是我们在现实生活工作中要警惕的对象，尽管是少数，但不可被麻痹。

在现实工作与生活中，还有种现象是值得注意的，即不管你对他有多真诚，他就是与你过不去，很难交往与相处。遇到这种情况其实也很正常，你也不必为之生气、难过，顺其自然就好。做好自己的事，做到问心无愧，努力做到"说话有理、办事有据、严于律己、应对有方"，如此，大家就能和平相处。

社会人际交往的思考

人离不开人际交往，这种交往普遍都建立在平等的条件基础之上。平常交往能反映一个人的人文修养、道德水准、处世艺术及人格魅力。如能正确地进行交往，就能使自己立足于社会，建立正确而健康的社会人际环境，这有利于自己事业的发展、身心的健康、生活的幸福。但在现实工作和生活中，在与人的交往过程中，往往存在很势利、很世俗、很自我等现象，从而出现了交往的三种状态：一是利他型，诚心诚意帮助别人不图回报，这是值得肯定的。二是交换型，即有条件的帮助。对于这种人，在互利互惠情况下可以合作。三是利己型，即为了自己的利益，总是设法让别人满足自己的需求，不顾及别人的难处，一味强求索取。这是一次性的交往。不管哪种处事方式，都反映了个人的认识、心态及做法。随着经济社会的发展和物质文化生活的不断提高，在对待社会人际交往的认识上要不断深化，不能停留在一般日常工作与生活的事务上，要提高认识、提升品位，从全局去思考、把握、处置。具体要把握三大原则：一是要用战略眼光认识社会人际关系的重要性，用科学的态度认真、积极地进行社会人际交往。二是要用尊重他人的原则，用科学的方法或艺术去创造良好、和谐的社会人际环境，形成有利于工作与生活的氛围。三是要用有利于事业成功的原则，努力学习社会人际交往的必要知识与能力。

善心、生命与生活

现实生活中心地善良、心存善意、乐善好施的人，还是很多的，但也存在少数极端自私、不怀好意、恩将仇报的人。我认为做人必须有一个底线，即要守住自己的良心和道德。凡是善良的人，对自己都比较严苛，对别人比较宽容。遇到有困难的、不幸的人能尽己之力施以援手，而受助者往往也会表达自己的感激之情。

善心重在教育。施善行要从小抓起，懂得是与非、善与恶，懂得感恩。善行需要传承，既需要学校的教育引导，又要重视家庭的传承，传承好的家风、品行与善心。然而善行还需要规范，让每个人从小就懂得生命与生活。

人的一生其实就是生命、生存、生活的过程。人一出生就等于拥有了生命，父母为了养育幼小生命付出了自己的一切。而当孩子独立生活以后，就要为自己的生存与生活而奋斗。父母有条件的可以扶一把，没有条件的则完全靠孩子自己努力奋斗。当然，也有少数条件很好的，父母铺好了路，不需要多大努力，就可以享受比较好的生活，然而绝大多数人是不可能那样幸运的。为了生存，我们要学会吃苦、吃亏。在现实生活中去认识社会现实、认识自己，扮好自己在社会实践中的角色，积极求生存、求发展，努力改变自己的精神状态，追求自己的梦想，从而获得幸福生活。

在人生的奋斗过程中，想要正确地认识生命与生活，就要做到"坚定信念，珍惜生命，热爱生活，积极追求，有所作为，开心快乐"。人只要能坚持这样的基本信念，就会有积极的生活态度和良好的心态去认识一切。在实际工作与生活中，有正确人生态度的人往往能解决很多现实问题，并获得工作的胜利和幸福的生活。不过，社会现实中工作者有顺利的也有不顺利的，人际关系中有和谐的也有烦恼的，这时候都必须冷静与理智地去对待与处理。此外，还要坚持做到"处处方便别人，时时不忘恩人，默默奉献亲人，时时善待老人"，感悟到生命之宝贵，生活之美好。这就是人生基本的生活态度。

摆正心理位置

人在实际工作、生活中，对人对事都有自己的理解，从而会产生心态上的变化，如有良好的人际关系的人，他的心态往往是比较稳定的，但这并不意味着心态会一成不变。随着客观情况的变化，人的心态是会发生变化的，这种变化有积极的也有消极的，变化会告诉你应如何去面对，防止出现不必要的烦恼。在通常情况下，人的心态在社会上、在单位中、在家庭里都有自己的定律，位置的轻与重、正与偏、有和无，在心中会有一个衡量点。这个衡量点自然与每个人的自我认识与判断有关，这种判断往往会视利与害、重与轻、得与失、亲与疏、近与远等程度而决定。其实这有时是很难的，往往违心的状态也会由此而生。以我的实践来看，对于人际关系的心理位置要坚持三个"第一位"：一是家庭第一位。这是对家庭的爱与付出，要做到心甘情愿。二是双方老人第一位。父母养育了我们，付出了难以估量的心血，作为子女终生难报恩。没有父母哪有我们，即使事有所成，也不应忘恩，更不能用现在的去比过去的，以此来伤老人的心。这种心

态永远不能变。三是亲密朋友第一位。朋友是我们成就事业、克服困
难的助力，面对这些真正的朋友，心态不能变。战场上的生死之交、
工作上的患难之交都是非常可贵的，要把他们始终放在心里。老婆孩
子第一位，双方老人第一位，亲密朋友第一位，其实并不矛盾，只不
过需要运行过程中进行调解，视情况而实施，但他们在心中的位置不
能变。这是对人的本性、本质的深刻认知，对人的真实情感的理解，
对人的真爱的表达与践行。

总之，摆正自己的心理位置，对处理好社会人际关系非常重要。
除了上面讲到的生活中的三个"第一位"外，还有许多关系需要处
理。在工作中，面对上下级关系、同事间的关系、一般交往中的关
系，都要摆正自己的心理位置，这样才能使自己有一个健康的心理状
态，处理好各方关系，融入社会与事业，使自己有所作为，永远开心
地工作与生活。

防"三气"，守"四则"

所谓"三气"，就是指怒气、傲气、怨气。"三气"的存在影响
着一个人的正常生活和工作秩序，甚至一生的幸福。

第一，防"怒气"。常常见到有人一遇到不顺心的事就怒气冲
天，对别人拳打脚踢。常言道，冲动是魔鬼。凡冲动了就会影响人的
正常思维，破坏平静的心态，容易使人失去理智，做出出人意料的
事，使国家、人民财产受到损害，甚至危害人身安全，从而造成不可

挽回的损失。"怒气"是万恶之源，一个人的性格、人格缺陷归根到底是人性格与修养问题。

第二，防"傲气"。"傲气"的表现有很多，有的因权而傲气，有的因富而傲气，有的因靠山而傲气，有的因颜值高而傲气，还有的因学历高而傲气。虽然表现形式不同、身份不同，但傲气的本质是相同的。在工作与生活中，自恃优越感，看不起别人，以傲慢的态度对人的人，让人难以亲近，长此以往，自然就会脱离群众，而群众也会避而远之。究其原因，是他们把自己摆到了群众的对立面，位置错了一切都会跟着错。所以，他们活得也并不开心，觉得很累，甚至感到精神上是贫穷的、失败的。

第三，防"怨气"。有的人总感到人生的道路处处有障碍，走得很不顺利。这种人总是从别人身上找毛病，从客观环境找原因，反而很少从自己身上找问题，有时甚至把怒气撒到无辜者的身上。这种心理状态如不能及时平定和克服，就有可能走向危险的报复道路，造成终生遗憾。总之，这"三气"在日常生活和工作中是常见的现象。只有不断加强学习与修养，正确对待自己、他人、组织，才能轻装上阵，做好自己的工作，与同事和谐共处，做出更大的贡献。

而要克服"三气"，必须坚守四条原则。一是遵守诚信原则。同事之间讲诚信，不要无端怀疑。二是坚持友善原则。以善为本，以善为人，建立真正的友谊。三是坚持合作原则。学会团结广大群众共事，要有退一步海阔天空的度量，做到合作共赢。四是坚守法规原则。说话做事不能靠怒气、怨气、傲气来处理，要坚持讲道理，遵守法律，坚持守规矩，做到有理、守法、遵规、讲文明。

遇事须冷静

在日常的工作与生活中，不管遇到什么急事、难事，首先要冷静，对事情做客观、全面、具体的分析，之后才能认真地进行判断，并采取适当的方法处置。凡遇到危险境况时以保护生命为第一要务，切勿为钱财做无畏的抗争，要设法报警，传递求救信号。遇到困难时，千万别走极端，要勇敢地面对现实，切勿以危及生命、财产为代价做出各种愚蠢的事、违法的事，甚至以结束自己的生命为代价而求解脱。这都是不应该的。在现实中办法总会比困难多，只要冷静思考，理智对待，问题或困难总会逐步得到解决。所以，每一个人都应学会遇事冷静。实践证明，遇事放得下，想得开，善于冷静思考，理智应对，通常都能化险为夷，把复杂的困难的事情处理好，自己也会获得成功。这样不仅能获得处理问题的成功经验，还对自己身体健康有很大好处。伤心是一把伤人的软刀子，心态平静是健康的保健药。多少事实证明，凡是冲动，着急抓狂遇事不问前因后果，急急忙忙处理，结果往往都很糟，到头来总会一败涂地，甚至造成不可挽回的损失。现实生活中这类事情太多。总之，人应懂得冲动是祸根，冷静理智是良药。

容忍与融合

俗话说，能容为贵，有容乃大。人能容忍别人的不是和问题，对别人的缺点能有一颗善意、宽容的心，谦让、容忍，有退一步海阔天空的气度，这是一种修养，是一种人的气质，也是一种知识与文化。

这种可贵的品质与修养是值得学习与弘扬的。不过，除这种修养与气质以外，我还特别喜欢"融"。"融"不仅是一种气度、修养、品行，而且还是一种相处的本领与艺术，是一种文化。一个人能融入社会、单位，就会有很多朋友，成就一番事业；能融入家庭，就会营造一个和谐的家庭，带去深情与快乐；能融入社会，就能团结朋友创造优异的业绩。从"容""融"相适到"容""融"相济，必须注意三点：一是遇事要冷静，学会忍中趋缓，还要探求"容"中"融"通。忍是暂时的，融通才有利于交流。融则通，通则活。二是遇事要理智，在趋缓中冷静地寻求"融"化，通过"容""融"相适，化解一切矛盾症结，为实现"容""融"相济而努力。三是遇事要开明，在容忍中实现融通、融化和融合，达到"容""融"相济的最佳效果。总之，一个人既能"容"又会"融"，就会有一个很高的起点，在人生的道路上就会始终精神振奋，目标清晰，决心坚定，永远是一位奋斗的勇士！

诚信与宽容

在一个家庭里，要想亲人之间相处得开心、愉快、和谐，很重要的一条就是要有诚信、互相宽容。这样的话，即使物质条件差一点也会过得很好。因为，只有诚信才会互相尊重，互相信任，互相关爱，对别人的某些不足能很理智地处理，不去斤斤计较，能替对方着想，使家庭更加和谐。长此以往，一切矛盾都会迎刃而解，增进相互间的信任，加深相互间的情感，自然关系也就更加融洽。所以，在家庭成员之间一定要讲诚信，坚持诚信为本，真心实意地尊重和关爱对方，相信和帮助对方，创造和谐的环境，增进相互间的友谊，共同创造财富与幸福，实现美满幸福家庭的梦想。

　　当面说，说真话；
　　善意说，说好话；
　　真心说，说实话。

无知与无畏

　　俗话说，无知者无畏。在一定条件下这句话是成立的，但事实上并不是无知识、无文化就可以无法无天，起码要懂得做人的一般准则，说话、办事要实实在在，不能口出狂言，中伤别人。有的人说话不注意分寸，有善意者给其提醒，可是都被当作恶意，甚至把好心当作敌意，这无形中就伤害了对方。当他感到错时，为时已晚，失去的已经太多，无法挽回，有时会成为终生的憾事和永远的伤痛。

　　这类人，说到底不仅仅是无知的问题，是起码做人的道理都不懂，缺乏一颗善良的心，缺乏道德水准，没有诚信。因此，这类人走到哪里都不会有诚信，不仅做不好工作，也难以和别人相处，甚至连家人都难以融合。分析其原因，除知识缺乏以外，更重要的是做人不行。太自私，不懂得尊重别人，所以在单位领导不喜欢，在家里父母不喜欢，在社会上朋友不喜欢。这种人在人生的道路上是很悲哀的，生活也一团糟。这样的人只有认识到自己的错误才有可能去改进，这是非常难的。

痛苦与快乐

人的一生并不是都是快乐的，痛苦也是难免的。

人生的过程就是奋斗与坚持的过程。在这个漫长的时间里，当遇到不顺心、不快乐的事时，就要有足够的心理与思想准备，以积极的态度去对待，千万别自暴自弃。如果取得胜利或成功，同样要理智地去思考，准备迎接新的挑战，争取新的胜利与成功。然而，在取得成功时，有时人们想到的不是什么喜悦，恰恰是想到自己付出的艰辛、汗水、泪水。事实上，痛苦与快乐总是并存的，没有付出就没有收获，也就没有什么快乐与幸福。切记痛苦时要理智地坚持奋斗，快乐时要谨记奋斗时的艰辛，要学会珍惜，始终保持良好的心态，迎接人生中一个又一个的挑战。正确对待人生中的痛苦与快乐，人生最大的痛苦是误解与不理解，这需要时间去化解。用自己的智慧和汗水去创造出真正属于自己的快乐！

仁慈与残忍

人在社会活动中，通常会涉及诚信、仁爱、互助。这是中华民族五千年文明的光荣传统，是在为人处事中的一种表现，即对弱者报以同情之心，以仁慈的心态帮助别人，并受到社会和他人的赞誉。当今社会仍有许多人有仁慈之心，行慈善之举。但是，在社会与经济活动中，这种人有时也会受到伤害，尤其在商场上有少数不法商人，把那些提供帮助的仁慈者当成"傻瓜"，用欺骗的手段伤害帮助过他的人。所以，社会上流行过一句话，"商场如战场，讲仁慈必受伤"。今天你待对手仁慈，明天就是对自己的残忍，商战讲的是利益之争，所以，光有仁慈之心是不行的，必须保持清醒的头脑，坚持依法办事、照章行事，用平等合作、互利共赢的基本原则去运作经济活动，并对待遇到的人与事。当然，在社会人际交往与经济活动中也会有诚信、有承诺、有支持，这都是在建立互信、互利、互惠的前提下进行的，没有这些做基础，合作是困难的，是难以取得成功的。

除在商战中以外，在人们的实际生活中，也应保持清醒的头脑，尤其在处理恋爱、婚姻过程中遇到的问题时，千万不能一厢情愿，一定要认真、谨慎，因为受伤的总是那些盲目、痴情的善良者。千万别用自己的仁慈真爱去获取糖纸上的甜味，这种教训还少吗？所以，要随时把握准绳与规矩，用敏锐的眼光、善良的心去认识正确的事、真诚的人。在社会与经济活动中，一定要注意把握四条基本原则：一是知底细。你要了解合作的对象、企业的社会效应、经济的运行状况、信誉度，以及其运作能力及市场前景等。二是讲诚信。一定要有足够的实力证明你对企业合作或投资的诚信度，不能凭感觉去投资、合作。三是看前景。要确定合作方是否有潜力，要看企业的实力与活力。四是依法规。合作中一定不能凭感觉，要科学评估，按照法律程序办事，有正规手续，并留有余地。否则，今天你对待对手的仁慈，明天就变成对待自己的残忍。

犯错与谎言

在长期的思想政治工作实践中，我遇到的犯错的人不少，我总结出一条普遍的规律，那就是人在犯错之后生怕别人知道，他会用若干个错误的做法来掩盖原先所犯下的错，用谎言来堵漏洞。这种现象很普遍。在日常生活中，有些人爱说假话爱撒谎，怕别人揭穿自己的假话，就用更多的假话或谎言来圆原先的谎言，结果假话越多漏洞就越多。所以，犯错与谎言容易联系在一起，虽然两者在情节与性质上有些区别，但犯错和说谎的人的心理与表现形式在本质上是一致的。如果一个人经常说假话，这就不是一个一般性的缺点，是一个心态问题，严格说是人品的问题。当然，现实生活中也有善意的谎言。不过爱撒谎的人最害怕记性好的人和处处留心的人，这是撒谎人的克星。其实反过来想，这也是他们的福星。

仇恨与痛苦

人难免会遇到一些不愉快的事，也会因这些事伤神、生气，产生一些难以调和的矛盾，甚至产生报复心理。这样的心态产生的结果是"仇恨别人，痛苦自己"。这种报复情绪不消除，内心的痛苦就不会消除。因为总想着要扳回这口气，所以想方设法寻找时机，实施报复计划。这种人整天生活在苦恼之中，把自己弄得很苦、很累。其实，如果可以改变一下心态，转换一种思路来对待别人的伤害（只要别人没有犯罪），就采取谅解与宽容的态度，让对方自己感到无地自容，这就足够了。俗话说，得饶人处且饶人，当一个人放下仇恨时，他也就解除了自己的痛苦，这也是人格力量与品行素养的体现。

遇到伤害以后，要善于从情感上、心态上战胜自己，只要能放得下，就赢了。在一定的条件下，只要不是根本性、原则性的问题与矛盾，都要善于学会放下，这就是人生的一种境界，是一个人心态成熟的标志，也是一个人处世的艺术，这是值得努力的目标。放下仇恨，就会丢掉痛苦，得到开心与快乐！

冷静与冲动

人们都说：冲动魔鬼。在战争年代，如果指挥员一冲动，就可能打败仗。工作中，如果领导一冲动，可能决策就会失误。家庭中，夫妻之间有一方太冲动，可能造成婚姻的破裂，甚至出现不可弥补的恶果。这种教训到处都有。就冲动而言，有性格问题，有方法问题，还可能是病理方面的问题。无论属于哪一种情况，都要注意克服。首先，要加强学习，努力提高思辨能力。其次，要与时俱进，不断研究新的知识、技能等，用现代知识去认识和正确处理遇到的各种问题。再次，要加强思想文化修养，提高品位，不能动不动怒吼、发火。要懂得冲动的危害，千万别因冲动酿成终生遗憾。

冲动的对立面是冷静。冷静是一种智慧，是一种力量，是一种强大的精神。历史上诸葛亮的"空城计"，就是"冷静"的典范，兵临城下，诸葛亮不慌乱，冷静思考、沉着应对，用空城计使敌军不战而退。这告诉我们，遇事要冷静思考，谋划对策，不能有惧怕心理，如果慌慌张张，只会咆哮，甚至不计后果地一拼了之，都是不负责任的行为。这种冲动行为，无论是出现在工作上还是在家庭问题上，都会产生不良的后果。因此，每个人在实际工作或处理家庭的事务中，都应正确面对，理智思考，用智慧去战胜自己不自信、害怕与恐慌的心理状态，正确认识冷静与冲动的关系及其不同结果，冷静地研究对策，把工作做细做实，避免不必要的损失。只要悟出这些基本道理，并在实践中运用，必然会大有收获。

心态与成败

一个健康的心态，比一百种智慧更有力量。一个人有什么样的心态，就有什么样的人生。一切的成就，一切的财富，都始于积极的心态。

在实际工作与生活中，如果一个人遇事不冷静，不理智，处事就会不科学，就会把事情处理得很糟，导致失败。有些人即使事后有所认识，但还是不能从内心去接受，总是强调客观情况，听不进旁人的劝告。

当一个人有了好心态，就会对事业、对前途、对社会充满信心与希望，感到人生充满生机与机遇，会激励你去拼搏与奋斗，积极地克服前进中的困难，实现一个又一个的目标。然而，当一个人对自己的前途感到希望渺茫，内心充满愤怒的时候，就会处处不顺心，甚至把愤怒之火烧向社会与其认为的对立面，稍有不慎，就会抱怨社会，愤恨他人，甚至产生报复心理。这种心态不好而导致犯错、犯罪的事例很多，足以引以为戒。

一个人的心态直接影响着其思维方式与处事态度。因此，一个人要成就自己的事业，在一生中有所作为，就必须认真学习，提升自身素质，慢慢养成一个好的心态，理智地面对现实，客观地对待他人，用积极的行动和过硬的本领去说服人，获得社会与他人的认可。

要想养成一个好的心态，具体要做到：加强学习与修养，提高认识自己、认识他人的能力与方法；加强实践，在实践中感悟心态好坏对事情的影响，吃一堑长一智，养成良好的心态；加强约束与规范，对自己日常的言行进行约束，不要放任自己。

忘掉与牢记

在漫长的人生岁月中，一帆风顺是很少的。一个人多少会遇到一些困难、困惑的事。不管是哪种困难，都要理智地思考，都要用正确的心态去对待，努力做到把做过的好事，遇到的难事、生气的事都忘掉，牢记养育你的父母、帮助过你的人。这是做人的一种正确心态，也是一种境界，更是一种良好的思维方式。

那么，哪些你可以忘记呢？概括地说，有这么几条。

一是忘掉别人的伤害。在现实的工作与生活中，有许多事你都难以预料与预防。工作中的语言伤害或一些"小动作"带来的伤害，一般都可以忍受。遇到这种事，生气是难免的，但不应采取针锋相对的态度，要放下，告诫自己要有退一步海阔天空的态度与胸怀，慢慢地淡化别人带来的伤与痛。以一个强者的姿态去面对"小人"，让"小人"无地自容，受到良心的谴责。

二是忘掉所做的好事。你可能做过许多好事，帮助过许多人，但不应记得很牢，要努力忘掉。人做点好事是一个善者的本能，同情弱者，帮助困难者，做点好事，这是做人的基本态度。但是，做过的好事千万别一直挂在嘴边，否则，与做好事的本质就不相符合了。所以要学会忘掉，不要计较这些。

三是忘掉不顺的事。在漫长的人生道路中，绝无平坦大道，都是要付出艰辛和努力的。在面对工作中的矛盾、人际中的矛盾、发展中的矛盾，以及生活中的矛盾时要学会放下、忘掉。心态好了、开心了，做什么都开心，人就会心情舒畅地前行，这样有利于工作、学习与生活，还有利于身心健康。

四是忘掉自己的成绩。一个人只要通过自己的努力奋斗，总会做出一些成绩，取得一些成就。但千万不能沾沾自喜，要冷静理智地思考，充分认识面临的新形势、新对手、新竞争，除了做好应对之外，还要懂得从零开始，用新的思维、行动去迎接新的任务。

除了忘掉的，还有要牢记的，那就是要牢记父母的养育之恩，牢记旁人的扶持，牢记朋友的帮助……总之，在人生奋斗过程中所有帮助过自己的人，包括那些为你的前行付出过代价的人，都应诚心诚意地感谢。

宽容无价

宽容是一种智慧，是一种人格力量，也是人的品质与修养的体现。有了宽容之心，就能包容身边许多的事。有了宽容之心，就会时时充满善意地提醒别人，付出心血去帮助别人，学会包容别人的不足。这种包容是会得到回报的，这也是对自己的尊重。相反，遇到一点不同的事，光想着去对付别人，甚至去算计报复别人，那样就会弄得两败俱伤，既伤了和气又影响了效率，得不偿失。所以遇事要学会冷静，要有宽容之心，要坚持与人为善的处世原则，做到善而亲为、容而谦让、以理相容、以礼待之，这样自己会变得心胸宽阔。

宽容是有前提的，对那些偶尔犯错的人，要以包容的态度去积极帮助。对个别心态不好的人、极端自私的人，要提高警惕，首先用真心去包容他的不足，如果对方把善意当作软弱可欺的借口的话，就要严肃对待。必要时要学会用法律的手段依靠组织去解决，以防自己受到不必要的伤害。

宽容是人格、品德与善心的体现。有的人连对自己的父母都没感恩之心，动辄打骂，弄得父母很伤心、很无奈，而父母一次次的宽容、忍耐、退让，换来的是变本加厉，这是与孝道背道而驰的。与这种人相处和工作，也要用一种宽容的态度去对待、去说服、去引导、去帮助、去感化，防止产生不必要的后果。对待这类人，要有耐心、有恒心、有诚心，将心比心，也许有一天，善良之心会让其有所改变。

常言道：虚怀若谷，有容乃大。每个人都要有宽容之心，不要遇到事就怀恨在心，想报复，这样容易把自己推到危险的境地。坏心情在心里堆积，爆发时就会出事，后果就难以预料。宽容不仅仅是心态好，更重要的是"进攻"而不是"退"，这个"进攻"就是主动地去做工作、去分解、去融合，把问题的症结找到，用适当的方法把问题解决好，把危机消灭在萌芽状态。

伤人必伤己

在经济、社会发展的过程中，由于人们的认识与理念不同，所处的环境不同，生活习惯与方式不同，学识与经历不同，所以在实际工作与生活中难免会出现一些碰撞与矛盾，而如何处理这些新问题与新矛盾就成为关键。有时候对手往往是要团结、合作的对象，有可能与其成为很好的合作伙伴。这就要求我们有战略性的眼光与智慧，有满满的自信与能力，还要有真诚的合作态度与合理的运作艺术，千万不要只顾眼前的得失，而失去发展的机会。有时候，当你在伤害别人时也会伤害自己，这种情况在商战中是非常普遍的，足以引以为戒。这种伤害持续时间越长，对自己的伤害越大，觉醒时已经晚了。究其原因，首先，没有战略的眼光，把得与失绝对化；其次，缺乏宽阔的胸怀与态度，影响大局；再次，没有灵活、科学方法，不懂得如何处理问题与矛盾；最后也是最根本的问题，就是学识浅薄，身边也没有人可以提供建议。

君子与小人

在日常的工作与生活中，每个人都会遇到各种不顺心的事，这难免让人感到头痛、烦心，如果处理不好就会影响相互之间的关系，甚至得罪人。因此，当遇到这种情况时，就必须用积极的态度去思考，否则就会背上思想包袱，最后陷入苦恼，从而影响工作。

当遇到矛盾或难题时，要采取积极的态度，用逆向思维或换位思考的方法来解决，这可能会解开难题，并从中有所收获，悟出许多哲理。

要学会感激伤害过自己的人，因为他磨砺了你的信心和心态，使你内心更强大。

要学会感激欺骗过自己的人，因为他使你看清了小丑的嘴脸，消除了你前进中的侥幸与麻痹，让你的眼睛更明亮。

要学会感激冷落过自己的人，因为他激励你自立与自信，让你悟到了人性的本质。

要学会感激愚弄过你的人，因为他的行为清醒了你的头脑，让你懂得了什么是真诚与真心。

在日常工作与生活中，遇到难事、头痛的事、烦恼的事时，要多思考，多问几个为什么，做自己应做的事，尽心尽力地提高工作效率。但现实总是有不完美的地方，小人与"灰尘"将会与事业同在，要做到害人之心不可有，防人之心不可无。这样，方能做到以防万一，避免被小人中伤，遗憾终生。当然，也不必草木皆兵，要深信现实生活中充满了正能量。

善于听别人说话

说话是人与人交往的一种最普通、最常见的交流行为。在日常的工作或者是闲暇聊天中，难免会听到好心的嘱咐、善意的提醒、真诚的告诫，甚至严厉的批评。通常情况下，这些提醒都是善意的，是希望我们在工作中少出差错，从而使事业发展更顺利，在人生的前进道路上越走越好。有的人会感激，有的人会反感，甚至还有人因此讨厌对方。事实告诉我们：如果一个人善于倾听别人的话，有一个积极的心态，就能正确对待，理解不同的人提出的意见，把这些意见当作良药，久而久之就养成了谦虚、谨慎的良好习惯，能取人之长补己之短，使自己变得聪明，取得进步。相反，如果听不得不同的意见，认为别人是故意找茬，觉得伤了自尊，丢了面子，对提意见人产生憎恨心理，形成对立的情绪，就会影响自己的心情，也就失去共事合作的朋友。

总之，一个人要善于听取别人的意见，这是一种态度，也是一门艺术。概括地说，善于倾听别人的话需要做到：心态好，善于听取各种话，尤其是反对的话。吸收好，善于记住那些对自己成长和工作有利的话，并在实践中去运用。方法好，做到有益的话听着，合适的话记着，经典的话写着，有启发的话合理吸收。总之，有利的话，不利的话，甚至是反面的话都应去听，只是需要合理的吸收罢了。

善待批评

人在实际工作中不可能没有缺点，也不可能不受批评。我曾经受到过一次很严厉的批评。那时，我很年轻，二十多岁，在干部部门工作。有一次，一个干部调动，要求报到的时间很紧，只有派车送才能按时报到。科长就与车管部门联系，让我去组织落实，最后把专车派去送干部报到。后来领导知道我动用专车，把我叫去狠狠批评了一顿，从准备打仗的大局到部队的规章纪律、处事程序方面，足足批了二十来分钟，我立正站着一动不动地听着。这次批评对我触动很大。通过这件事，我深深地意识到：人在工作中有缺点就不要怕批评。不论是善意的批评还是严厉的批评，都要有一个正确的态度，这样在今后的人生道路上才能走得更好、更远。相反，就可能产生猜忌心理，引起不好的后果。后来科长向领导做了解释，这也加深了领导对我的印象。

总之，在对待别人亲人的批评和善意提醒时，一定要有一个正确的态度，做到"有益的话听着，无关的话放下，经典的话记住，有理的话多思"。

感悟与担当

一个人往往容易陶醉于自己的学识、职位、成就。我认为切不可陶醉于此，因为有更宝贵的、更有价值与意义的东西需要去思考。当一个人懂得享受自己付出、成长的过程，从困难、挫折中感悟人生的价值与意义，这就是最好的生活与境界。因为，过程就是人生的经历，在整个历程中会有顺利的、不顺的、开心的、沮丧的情况发生，如何面对这些大有学问。如果在哪个环节没有做好，就会很自责、内疚，感到遗憾。这种付出与收获的过程，既有物质上的，又有精神上的。尤其是有了小孩之后，更要去学习原来不懂的知识，要有责任担当，从中体会身份变化后的乐趣，体会父母与子女之间那种特有的精神享受，这些用金钱是换不来的。所以，人要学会珍惜自己的生活，体会和享受这种过程。

学会尊重

尊重是人在社会生活中的一条基本准则，通常情况下每个人都可以做到。在市场经济高速发展的今天，竞争成了一种常态，然而学会尊重对方、尊重对手是一个很重要的问题，因为在某种意义上讲尊重别人就是尊重自己。尊重是多层面的，可以是精神上的，也可以是物质上的，不管是哪种，其本质还是人品。所以，遇到工作或经营中的对手，要有自己的精神风格。既然是对手，是强者，就要认真地去学习其优势，抱以尊重的态度去对待、去合作。因为只有尊重才能变别人的优势为自己的优势，把自己的事情做好。

只有学会尊重对手，才能让对方信服，促成合作，实现互补优势。善于理智地把对方的优势变为自己的优势，这样才能在市场竞争中立于不败之地。

钱多了，朋友少了

有些人看不起那些有钱的人，认为他们除了有钱也没什么了不起。拥有这种想法的人确实存在，但不多。在现实生活中，人们的普遍心理就是多挣点钱，认为只有拥有更多的财富才会被别人看得起。实际上这种心态是复杂的，有的人挣了点钱就神气起来了，摆阔气、摆架子，对原来的朋友也不那么亲近了，甚至说一些伤感情的话，慢慢地，原本很好的朋友也生疏了，不接近了。有的人认为自己有钱，怕别人向他借钱或占便宜，就设法远离原先的一些好朋友。随着时间的逝去，这些人的朋友就越来越少了，这就是钱聚人散。那么，为什么会这样呢？因为当一个人有了钱以后，其心态会发生变化，因而对别人的情感、态度也就发生了变化。事业做大了、钱多了后，人的交际圈就会扩大，这就需要更多的时间与精力去应付，从而不可能像原先一样去对待朋友了。

我认为真正的朋友是不会因贫穷或富有而改变的。朋友之间应该有共同的话题、兴趣、追求，能达成共识，有正气与义气，不管是贫穷还是富有，都能相互关心、相互支持、友谊长存。

品与格

常言道，"做人要有品，做事要有格"。就是说，做人要有良好的道德品质，做事要遵守规矩。在实际的工作与生活中，有时人们会在办与不办，做还是不做之中矛盾着、纠结着。我认为，只要在不违反法律法规的前提下去寻找解决的办法都是可以的，用互利共赢去"妥协"，有时是可以办到的。但在实际工作过程中，要注意几个"分清"。

一是要分清是非，坚持正确。把握处理问题的主导方向，这关系到对与错的根本原则问题。

二是要分清主次，抓住重点。把握问题的主要矛盾，重点问题抓住了、解决了，次要的问题就容易办好。

三是要分清得失，扬利弃弊。不能因为解决眼前这件事而影响后来的事，切忌得不偿失。

四是要分清缓急，弄清后果。处理任何问题都要分清轻重缓急。如抢险救灾、应急机动、突发事件、企业生产等，要抓关键问题，循序渐进地有效处置。

五是要分清内外、把握全局。这其中有两个方面，一个是从国家层面而言，要分清国内外的大局，坚持维护国家的尊严、主权与利益；从个人来讲，分清是单位内部问题还是单位之外的问题，要区分问题的对象、性质、程度，并采取有力举措予以解决。

六是要分清公私，切莫伸手。这直接关系到一个人的品与格。所以，在实际工作中要做到分清公私，先公后私，公而忘私，大公无私，真正做一个严格自律、公私分明、品德高尚、遵纪守法的人。

如果一个人在实际工作中能清醒地把握，认真地实践这"六个分清"，就能积极主动地做好自己的本职工作，并会有所作为，做出积极的贡献。

随记回忆

要讲随记，还得从六十年代说起，那时，我是部队党委秘书，负责党委会议记录，撰写总结报告、讲话稿及总结典型事例经验等，在这些工作中经常会涉及事例数据及有关资料。为了保证资料翔实、准确、客观，便于领导认真分析问题，做出正确、科学的决策，有力地指导工作，我都会认真、细致地把各种资料、数据、典型事例，以及领导讲话的要点和相关规定要求记录在案，努力做好党委的"参谋"。当然，也会记一些问题、事故及教训，写一些自己工作感悟。这个习惯坚持了几十年，直到今天。

2002年退休后，我做的第一件事就是整理这些随记，并将其取名为《星语》和《岁月》。这都是我在高校工作期间的笔记。《星语》出版后，主要送给学生、朋友作为纪念，由于印数有限，很快就赠送完毕。后来许多朋友向我索要但书已没有了，所以，就萌发了继续整理随记的想法，整理完毕后作为《星语》的续集。

写随记已经成为我工作、生活中的一种习惯。我总觉得写随记是一件很快乐的事，把平时所见、所闻、所想、感悟记录下来，并进行思考、归纳、提炼，形成自己的认识见解，这就是学习。人生就是要不断学习，常学常新，学有所得。这有利于思维机能的锻炼，自身心理健康的调节，兴趣爱好的拓展。记而知有趣，学而知不足，为乐而为之！

圆梦与感恩

人都有梦想，从追梦到圆梦是一个漫长的过程。对我来说，我的梦想就是让自己和家人生活得快乐，并尽可能地帮助自己所接触到的人生活得更快乐。

奋斗与坚持的过程，就是追梦与圆梦的过程。回顾自己追梦的历程，其实很平凡也很简单。用几个字概括一下，就是四个"没想到"。一是没想到去了福建海防当兵，转业离队却在内蒙古；二是没想到由士兵提干为正师大校，这点是我做梦都没有想到的；三是没想到刚参加工作就去小学当老师，最后转业到地方大学工作，圆了自己的教育梦；四是没想到出生在农村，最后安家在"天堂"杭州。这四个"没想到"，构成了我一生追梦的轨迹与框架。对这些经历，我内心是充满感激的。我感谢党组织的培养教育，感谢领导的厚爱与教导，感谢战友们的真诚扶持，感谢爱人的默默奉献与支持，所谓"军功章有她的一半"。当然，也感谢自己所付出的汗水与艰辛。

心态好，不显老

年纪大了，大家都会讲养生之道，最普遍的就是年纪大了心情一定要好，遇到事情心要放宽些，放平些，只要心态好了，什么事情都好办。这个道理讲起来容易做起来很难，因为人的心理调节关系到人的素养、性格、认知和学识。所以，要真正做到心态好是很不容易的。这就要求注意把握三点：一是要沉住气。遇到生气的事，首先要沉住气，把气沉下去，不要火冒三丈，牢牢记住冲动是魔鬼。二是要静下心。能在沉住气的前提下，理智而不冲动、冷静而不火爆，以平心静气的态度，去思考遇到的问题，采取有效方法去解决。三是要慢下来。只有慢下来，才能有理智把事情考虑细致、处理周全。

总之，年纪大一些的人要学会"慢"，掌握一套慢功夫，遇事不要急，行动要稳妥，把"慢"贯穿于日常生活。起床慢、吃饭慢、行动慢，连呼吸都要慢。慢呼吸对老年健康有益。

笑有利于健康

每个人都会笑。不同的笑代表不同的意义。在旧社会，富人的笑有时就是穷人的灾难；在战争中，笑代表着胜利的喜悦；在新时代，人民生活得到了极大的改善，每个人充满了幸福的笑。

总之，笑可以代表人的幸福指数，也反映了人的健康水平。因此，人不管在什么情况下都要努力保持良好的心态，做到笑口常开。奥地利人说，笑是最好的医生，是最佳的药物。美国免疫学家李·S.伯克博士的研究表明，笑口常开的人，其体内的杀手细胞和抗体的浓度都会增加。曾经有一位斯坦福大学的教授也说过，笑相当于对身体进行充分的锻炼，能强化免疫系统。还有不少研究表明，笑可以提高人体中的高密度脂蛋白度，能使血液鲜活，缓解病痛。笑是一种呼吸疗法。美国有的研究者还认为，笑口常开的人发生心肌梗塞的几率比较小。德国心理学家米夏埃尔蒂策博士认为，笑增加了对大脑的供氧量，并释放幸福的荷尔蒙。

所以，人要在现实生活中学会笑，因为笑代表着精神生活与物质生活的丰富。老年人更要做到笑口常开、乐观常在，实现"晨笑精神好，日笑工效高，暇笑添热闹，晚笑好睡觉，多笑无烦恼"。让笑充满生活，让快乐在追梦的路上常在，为创造人类的幸福和快乐而努力、奔跑、奋斗！

人要善待死

死亡是自然现象，这是客观存在的规律，是不可避免的。所以对待死亡必须有一个正确的态度，也就是理智地对待死。首先，人活着就应该积极地、开心地过好每一天，也要随时准备可能预见的那一天。其次，对自己身后的事不要过分要求，要为后人着想，一切从简，不要增加他们的负担。还有，对某些事要提前做些交代，让后人有所遵从，不要一声不吭地走了，让后人为难。活得长久，死得痛快，成了老人的梦想。

我认为，多为后人着想，既要有积极的态度又要有积极的行动，别给后人留下麻烦，留下伤痛。如果一个人死了之后，能让活着的人敬重与思念，就证明这一生有价值了。

第四篇

婚姻与家庭

爱、爱情、婚姻

爱、爱情、婚姻是密不可分的，是人生中都要遇到和经历的。在这个交织着快乐与痛苦、幸福与困惑的矛盾过程中，人们有各自的记忆、认知、体味与感悟。这个过程中的爱值得人们去认真回味与思考。

第一，爱是什么？到目前为止，全世界都还没有一个确切的定义。虽然有一些文人、名人对爱有所描述，但他们都是从自己的角度进行的感悟与解读。我认为，爱既是抽象的又是具体的，既是虚幻的男女间的感觉，又是男女间实实在在的情感表达与行为。这要看爱的目的、爱的对象和被爱的对象而定，只有这样才能赋予爱的含义、内容及最终的目的。在不同的年代、不同的环境、不同的职业、不同的地位、不同的地域，对爱的含义与表达方式都是不同的。从大的方面讲，包含对国家与民族之爱，对事业与人民之爱。从小的方面讲，还有领导对员工之爱，长者对幼者之爱，父母对子女之爱，亲情之爱，朋友之爱。但是我们常说的还是男女之间的爱，这种爱越真诚，爱就越深，有时也会出现矛盾，甚至爱越深矛盾也越深，但只要是真心的相爱，那就是实实在在的婚恋之爱。

第二，爱情是什么？爱情是男女间甜甜蜜蜜的梦想，是一种挥之不去的影像与情感，是一种互相吸引的精神磁场，是雷鸣闪电般碰撞的火花，是连接心灵的桥梁，是双方都无法表达清楚的心理状态……两个不同性别的生命体在这个过程中共同承诺，对社会尽职、对家庭尽心、对亲人尽力、对自己负责。承诺是一种付出，在爱情中，这种付出是心甘情愿的。

恋爱是一种说不清楚的朦胧意念，是男女之间的一种心灵感应和感觉，这种感觉没有确切的起点，是一种说不清道不明的感觉，是相互间不经意间的心灵碰撞，是人的一种本能的情感欲望。在恋爱中想接近对方，想与对方交流，想了解对方的各种信息与态度，想传递情感信息，这就是人在潜意识中爱的信息的释放。随着时间的推移，接触与约会次数的增多，彼此就慢慢萌发了情感，逐步建立了男女间的爱情。这是一个自然发展的过程，这个过程有快有慢，依据两个人的感情程度的不同而不同，所以结果也就不同。此外，这个过程可以说是非常开心的，但有时也很辛苦，甚至是很苦恼的。

男女青年到了一定年龄的时候，就会想谈恋爱，从而不由自主地进入谈恋爱的角色。尤其是那些年轻人，阻挡不住的激情促使他们与异性交往。那么，应如何在青年时期正确对待谈恋爱这件事呢？首先，要符合社会道德的要求；其次，不影响自己的学习与工作，以及自己的身心健康。在这个前提下，坚持自主性、平等性、责任感相统一，以使双方在现实生活中共同了解、理解和融合。

谈恋爱的第一阶段是谈。谈是恋爱的开始，就是双方通过谈，加强了解，在共同的接触与交流中，找到一种共同的感觉，能碰撞出爱的火花。第二阶段是思恋。也就是在双方的接触交流中，随着时间的推移，双方都产生了好感，那种说不清楚的感觉得到了升华，共同产生了一种恋恋不舍的心理状态，心里埋藏着思念与牵挂，这就是恋情的上升，已发展到互相牵挂与思念，非常想见对方，这是一种割舍不下的情感表达。第三阶段是相爱。当爱意萌发，双方都在心灵深处蕴藏着爱时，就需要选择在合适的时间、地点与环境来表达爱。

随着时间的推移，双方共同努力创造好条件后，勇敢地迈向爱的彼岸，走进神圣的婚姻殿堂，开始人生新的阶段。

理想对象的状态应该是有相同或相近的社会认知与共识，并有积极的人生态度与梦想；有相同或相近的价值取向与理念，并有勇于行动的自强精神与能力；有相同或相近的消费观念与习惯，并有精于规划的科学思维与行动；有相同或相近的兴趣爱好与特点，并有善于尊重包容的心态与看法；有相同或相近的尊老爱幼与善心，并有孝顺老人与爱幼的行动计划。总之，最主要的是有相似的理想信念与价值观，有相似的处事精神与积极的生活态度，有相容的良好胸怀与性格。

第三，婚姻是什么？婚姻是实实在在的生活。简单地说，就是双方一起过日子，干事业，培育后代。但婚姻并没有那么简单，双方的使命与担当是沉甸甸的，是推托不了的责任。婚姻是平淡的生活，是油、盐、酱、醋、茶，是一首不断创新的交响曲，是一首旋律优美的四季歌；婚姻是一坛共同酿制的陈年美酒，一年四季飘香，是那么醇香醉人；婚姻是一部共同编写的书，有艰苦的创业，有幸福的回忆，有美好的向往，是一个内容丰富的故事；婚姻是一部创业史，有抚养子女的艰苦，有孝敬老人的孝心，有开创事业的快乐与艰辛，有人生的美好记忆，是一篇不可多得的创业史；婚姻是人生经历过的许多美好的画卷，是共同描绘创作的人生长卷，值得永远珍藏；婚姻是共同欢笑、喜迎夕阳的牵手，相依相伴，白头偕老，共度幸福晚年。婚姻最后会平淡得只是出门时的一个吻，回家时的一个拥护，闲暇的牵手漫步。

婚姻要共同经营。爱情与婚姻是需要经营的，相爱容易相处难，不能一劳永逸，更不能等待收获。要使爱情之树常青，爱情之花常艳，爱情之果丰硕，就要夫妻共同去浇灌、修理和呵护。通常要注意五点：

1. 坚持一个原则，那就是尊重。要主动适应对方而不是改变对方。尽管有恋爱期间的相互了解，但这是不够的，实实在在在一起过日子，会暴露出双方的一些不足，这就需要适应与尊重。不能以自己的思维与习惯去要求和改变对方，否则会引发矛盾。所以，要学会尊重，学会互相包容，要睁大眼睛看优点，眯着眼睛看缺点，千万别故意找茬，互相包容，适时弘扬优点，努力保持婚姻活力。

2. 运用好两个方法。一是学会"放风筝"。夫妻实际上是一对互放的风筝手，不管是谁放，都要放得有技巧、有艺术性。要牢记放手不离手，能放则放，能高则高，能收则收，互相做到收放自如。风筝放得高是一种本领，是一门学问，是一项艺术。放得好是一种享受，是一种快乐中的美、幸福中的甜，是一种情感的满足。所以，无论是男方或女方，都要学会给对方自由，这是一种尊重的信任。互相做到放心而不担心，放手而不撒手，放开而不放任，给自由而不自流。二是学会管钱拴心。无论收入多少，管钱都是一件烦心的事。要想管理好就要花心思去计划，往往家庭矛盾都出现在钱的问题上。管钱、花钱是有学问的，常言道："吃不穷用不穷，计划不好一辈子穷。"总之，花钱要花到点子上，要努力做到：因需而花，量力而花，花出心情，花出价值，花出情感，花出和谐，花出幸福。努力学会：生活必需花一点，以防应急存一点，遇到机会投一点，国家号召援一点，培养孩子多投点，购房困难贷一点，精打细算科学点，经费开支透明点，不管谁管钱都要操心点。

3. 学会"三给"艺术。一是学会给面子。在家庭里面无论是男人或女人都要学会给对方面子，尤其在公开场合，千万要注意，否则会酿成意想不到的恶果。二是学会给票子。既要学会精打细算，又要从实际出发合理开支。否则，就会产生离心的危险。三是给位子。无论是男人或女人，在家里或在外面，都扮演着不同的身份与角色。千万别当着别人或子女的面把对方不当一回事，让对方感觉地位底下。千万别有意无意地去贬低对方，这是既伤心又伤感情的事。

4. 防止"四种"现象。要想家庭经营得和谐、有序，就要严格防止这几种现象的发生。一是防止霸道现象。男方的霸道表现在大男子主义上，自己说了算，女方的霸道表现在不讲道理上，满口脏话，不顾影响，终日喋喋不休。一旦出现这种现象，这个家就会乱了。二是防止跟踪现象。男女之间有问题应开诚布公，进行善意的沟通，千万不要采取跟踪的做法，这是不信任的表现，是家庭危机的开始，如不改进必然导致家庭破裂。三是防止打人现象。一个和谐的家庭夫妻双方是不会出手打人的，即使有问题都会靠沟通解决。动手打人既伤身又伤情，如不及时改进，必然导致分离。严重的话成为家暴，这就是犯法，会被追究刑事责任，后果非常严重。四是防止翻旧账。有了问题或矛盾能互相宽容，能及时改进，这是好现象。如果有了一点问题就翻老账、揭老底、算总账，会使矛盾越来越深，裂缝越来越大，最后难以补救，导致分手。总之，以上所列的四种现象，是经营家庭必须重视的问题，也是非常重要的问题。因此，要保持清醒的头脑，防止以上现象的发生。

5. 把握好"五个时机"。俗话说，机不可失，时不再来。婚姻跟社会一样，都会有变化，同理，处在婚姻中的人，也是会变的。面对这种情况，关键是要把握好时机和环境。一是穷时，要以树立信心为前提，努力学会生存的本领，坚持共同定位，合理运筹，坚持忍耐，学会奋斗，携手渡过难关。二是富时，要以坚持勤俭持家为基础，学会科学理财，留足开支与备用的，计划好投资的，备好应急的。学会全面管理，可以发挥财富的增值效益和应用价值。三是病时，要以健康为目的，学会珍惜生命，互相关爱，互相照护，互相呵护。四是老时，要以宽容为前提，做到怒时不动手，气时不张口，急时要冷静，随时要牵手，迎笑夕阳，相伴一生。

这是我2001年给学生讲课时的提纲，当时有四个班级的学生听课。这是在学校给学生讲授恋爱内容课的尝试，学生听课认真，热情也很高。

爱与爱情

什么是爱，什么是爱情？相信每个人都有不同的感悟。

对于爱与爱情，我觉得可以归纳为以下几点：

它是不经意的心灵碰撞，是一种相互的感觉；

它是不谈钱的生活态度，是一种互爱的境界；

它是不言败的责任担当，是一种毕生的使命；

它是不炫耀的处世风貌，是一种做人的要求；

它是不后悔的包容关爱，是一种情感的表达；

它是不失言的坚定承诺，是一种真心的宣示；

它是不放弃的携手同行，是一种相伴的精神；

它是不停步的笑迎夕阳，是一种圆梦的身影。

总之，爱与爱情不仅仅是花前月下的浪漫，还有其使命与担当。

爱不是个人的事

爱一个人是幸福的，被爱的人也是幸福的。而被爱伤害过的人，就会将爱变成痛。很多人认为，分手之后不要做朋友。不过事情也不必绝对化，做不做得成朋友，取决于双方的态度。

在恋爱过程中，有些人态度很坚决，不管对方贫穷或富有，都选择奋不顾身地去爱。这种行为往往是在冲动下做出的，但不管结果如何，当事人都不后悔。

这种冲动性的爱，有时会成功，有时会失败。很多盲目、冲动的行为有可能造成对方的负担，把对方推得更远。同时，也让自己活得很累。

爱、恋爱、婚姻，绝不是单纯个人的事，它涉及两个家庭、双方老人，甚至将来的孩子。所以，不能糊里糊涂地爱，要爱得理智，要通过相互的关爱与理解去经营感情。

情感海洋的彼岸

人在情感海洋中，往往容易高估自己征服感情的能力，总以为会顺利地游到情感海洋的彼岸，却不知道其中会遇到各种复杂的问题。一旦遇到情感旋涡，稍有不慎，就会被吞没。所以，当我们在爱情的海洋中畅游时，既要享受那种多彩的浪漫、甜蜜的幸福，又要时时警惕隐藏在其中的问题，防止因麻痹大意而遭到不测。要做到这些，关键在于知己知彼、量力而行。只要敢于付出，善于付出，适时付出，必会有收获，到达爱情的彼岸。

和谐快乐相处就是幸福

在生活中，要保证一家人和谐相处是一件很不容易的事。特别是现代年轻人的生活理念和生活方式与长辈不同，常会产生碰撞。我认为这是值得人们探讨的问题。

在一个家庭，儿子长大了要结婚，女儿长大了要出嫁。婚后如何与岳父岳母或者公婆相处，就成了一个难题。目前，很多年轻人采取婚后独立居住的方式，避免跟老一辈出现摩擦。这样的后果就是，双方与老人见面的次数渐渐少了，问候也少了。随着父母年龄的增加，节假日的团聚却成了年轻人心中的难题。尤其到了过年的时候，有时一家人相聚就成了一种奢望，到哪家去过年都要提前商量。有些年轻人选择轮流过，今年在男方家，明年在女方家。这看起来很公平，但是如果父母年纪比较大，这种做法就不妥了，尤其是独生子女，不管到哪一方，另一方都会被冷落。我认为有条件的，还是应该将双方老人接来，几家人一起过节。

不管怎么样，如果一个家庭的所有成员都能互相理解、互相包容、互相关爱与支持，就能营造和谐的气氛与环境，真正实现相亲相爱。

幸福是多元、多彩的

幸福是什么？每个人都能讲但都讲不清楚。幸福是没有范式可以参照的，幸福具有时代性、群体性、区域性。所以，我觉得幸福是多元的、多层次的、多彩的。在饥荒的年代，有饭吃、有衣服穿就感到很幸福。在战火纷飞的年代，战斗胜利了就是幸福。现在，经济发展了，老百姓口袋里钱多了就是幸福；学生考上了大学，找到了工作，成了家，有了孩子也是幸福；科学家有了新发明也是幸福……幸福没有标准的公式，不同的历史时代，不同的职业地位，不同的生活环境，使每个人对幸福都有着自己的理解与追求。但是要注意的是，幸福不是凭空而来的，要靠自己去创造，创造得越多、成就越大，就越会获得无穷的幸福。创造有物质的，更有精神的，两者不可偏废。党和国家以人民的幸福为幸福，父母以子女的幸福为幸福。幸福永远存在于每个人的奋斗过程中，是多姿多彩的。

幸福与金钱

人们在闲暇时，会把钱与幸福当作一个话题。有的人认为，幸福没有钱不行，有钱就会有幸福；有的人认为，钱对于幸福固然重要，但也不是钱多就一定会幸福；还有的人认为，钱是幸福的基本保障。对幸福与钱的这个话题，确实有不同的感受和不同的答案。我认为，对幸福的理解绝对不能满足于钱有多少，房有多大、车有多高级，关键要看那些用钱买不来的东西，如中国传统美德、信仰与价值、真诚的爱等。从大道理上讲，可以把幸福融进国家、单位、家庭各个层面去理解与感受。其实，幸福很简单，有时候是在不同环境下人的一种内心感觉，如出门时一个甜蜜的吻，回家时一个热情的拥抱，在外时的一个电话或者一封书信。

所以，幸福并不是用钱换来的，而是用真心构架起来的爱的桥梁。

家是什么？

　　家是什么？我相信不同学识、经历、条件、年龄的人，对家会有不同的理解。常言道，家里没有一个女人，就不像一个家，这说明女人在家庭里的重要性。还有一种说法是"有父母在，家就在"，这说明父母在这个家中的地位，他们是无法被替代的。还有一些在海外的游子，在他们眼里心里，祖国就是家。许多在国家特殊岗位工作的人，在他们心里，单位就是家，是一生默默奋斗，情感上难以割舍的家。

　　对孩子来说，家是他们快乐成长的摇篮，是他们表达喜、怒、哀、乐的舞台，是他们倾诉心声的场所。

　　同时，家也是孩子们的学校。父母是孩子的第一任老师，他们呵护着孩子的生活，也关注着孩子的梦想。

　　家是值得留恋的地方，那里有我们美好的记忆。

快乐靠自己去创造

　　人的快乐包括精神和物质两个层面，不管哪个层面，都需要自己去创造，并在创造中获得幸福与快乐。

　　人的生命是有限的，所以要珍惜每一天，过好每一天，让快乐多一点，遗憾少一点。在奋斗中享受快乐，在快乐中不断追求。一个人能客观、能动地把握自己，让自己在人生奋斗的过程中享受快乐，必须做到：有坚定的理想信念，这是前行的根本；有明确的既定目标，不见异思迁，不好高骛远，脚踏实地朝着目标前进；有极强的责任心，一步一个脚印，认真履职，高度负责；有感恩之心，在前行中感谢恩师，感谢合作伙伴，感谢家人朋友的支持；学会总结，使自己在前行中发挥优势与特色，克服困难与不足，充满信心。

正确认识自己

有些东西是会伴随人一生的，如爱与恨、善与恶、得与失、苦与乐等。心中有满满的爱，恨也就没有了；一生乐善好施，恶也就远离了。得与失，总是个热门的话题。我认为得到的越多，失去的就越少，而且有付出才有收获。现实生活中，有的人总是不能正确地对待自己，对社会、对别人缺乏平常心，胸中充满着怨气，时时会爆发，见什么都不顺心，认为老天对他不公平。这时候需要静下心来认真想想自己有没有付出，有没有认真工作，有没有虚心接受别人的指导；如果全都没有，还对别人的帮助不屑一顾，最终会一事无成。

当人获得很大成就时，自然会受到群众的拥护、领导的表彰。这就是付出后的结果。所以，在现实的社会生活中，应正确认识自己，把自己放在适当的位置上，做自己应该做的事。人要学会平衡，正确地把握对与错、爱与恨、善与恶、美与丑、乐与苦、得与失的关系，才能正确认识自己，使自己成为一个正直善良的人，成为一个有爱、有奉献、有作为的人。

自私得不到幸福

自私的人，其一生肯定不可能开心、顺心，更谈不上幸福。因为，自私的人考虑问题总是以自我为中心，很少顾及别人的感受，用不正确的思维方法看待别人，认为自己总是对的、正确的，别人都是错的。在日常工作与生活中，自私的人总是用怀疑的眼光看问题，看不到甚至贬低别人的优点、成绩。往往成绩功劳是他的，而遇到问题就把自己推得一干二净。这种抬高自己、贬低别人的阴暗心理很难与别人合作共事，即使在家庭也难以处理好各种关系。这种人虚荣心极强，抬高自己、贬低别人就是虚荣心在作怪，严格地说这是个人品行的问题，所以很少有真心朋友。

面对这种自私的人，每个人的做法是不一样的。有的人忍耐、顺其自然，轻易不与其起冲突；有的人趁早离开，摆脱烦恼；有的人装糊涂，认为习惯了就好了。可见，自私的人不仅会给自己带来痛苦，还会给他人带来烦恼。这种自私的人其实活得很累，没有什么快乐可言，更谈不上幸福了。然而，对待这样的人还是要去帮，只要功夫到了，情感到了，这块"冰"是会溶化的。

购物的学问

购物是一门学问，是一种生活的态度与艺术。购物直接反映了一个人的生活理念、价值取向，甚至家庭观念、消费心态。购物原本是为了满足自己生活、工作上的需要，但有些人却使购物变了味道，让它变成了一种金钱和物质上的炫耀。

那么，通常在购物时注意些什么呢？概括地讲，那就是"需要""适用""质好""价优"。具体地说：

1. 需要。按照实际需要而定，按照经济条件而定。坚持用不着的不买，重复的不买，可买可不买的不买，促销时慎买，不要别人买自己也跟着买。

2. 适用。购物是为用而买，所购之物一定要做到物尽其用，即"使用方便，收放方便，适应环境，防止不适"。

3. 质好。购物要注重产品的质量，以保证使用时的安全。

4. 价优。购物要量力而行，不能盲目消费或者透支消费，因为长期下去对个人或者家庭都有不好的影响。

最后，还要懂得花钱是一个家庭的事，千万别因此而让父母、另一半感到无语、无奈、无救！

处理家庭矛盾

结婚以后，随着时间的推移，家庭情况会有一些新的变化，如生育子女后，家庭内经济负担加重了，工作上的压力也随之增大，往往这个时候容易出现家庭矛盾。需要特别注意的是，第一，在孩子面前要克制住自己，谨记夫妻矛盾冲突对孩子的影响与伤害。第二，解决矛盾时不要翻旧账，那样会导致矛盾升级。第三，不要留积怨。常言道，"床头吵架床尾和""夫妻不记隔夜仇"。第四，不要让他人介入。夫妻之间闹矛盾，不要牵扯娘家人或者婆家人，更不能让旁人介入，否则会使矛盾扩大化。第五，不要动手动脚，防止动口骂人、动手打人。打人只能使矛盾升级。第六，不要动不动就说离婚。"离婚"一词说多了会伤面子，会弄假成真。第七，不要闹到单位去。不管是闹到哪一方的工作单位，都会造成不好的影响。第八，不要摔打东西，这是粗暴的行为，会拉低自己的素质，也会给孩子带来不良影响。第九，不要连累邻居。有时邻居来劝架，应礼貌克制，千万别恶语伤人。第十，不要牵连无关人员，扩大矛盾，造成不良影响。

总之，当家庭产生矛盾时，一定要理智地处理，用心去理解与解决，努力创造和谐文明的家庭。

恋爱与交友

每个人都希望自己的另一半是诚实守信、踏实有为、和善友好、亲切随和的人。现实中很难找到这种十全十美的人，但我们可以擦亮眼睛，避免在恋爱中上当受骗。要避免交往以下几种人：

一是时刻防备，从不敞开心扉的人；

二是交往后从不提及想见你的家人和朋友的人；

三是与你见面时从不提婚姻的事，或对未来没有相关计划的人；

四是总会因为无关紧要的事情忽略你的人；

五是相约时很热情，过后就很冷淡，言行不一的人；

六是光想花对方的钱，而解释的理由都很牵强的人；

七是在公开活动中，从来不对朋友、同事、同学介绍自己的基本情况的人。

如果自己选择的恋人有以上几个方面的表现，都需要你警惕。要擦亮眼睛，保持清醒的头脑，理智地对待，千万别盲目信任。

母亲是伟大的

母亲，是一个光荣而伟大的称号。为人母者，从做母亲的那天起，就默默地为子女付出。她把日常的辛劳、苦难留给自己，把欢乐、幸福、希望都给予子女。这就是母亲的天性。所以说，世界上母亲是最无私的、最伟大的。母亲永远值得颂扬，永远值得子女敬重与感恩。做子女的要用自己的实际行动，尽自己的所能去关爱、孝顺母亲，这是不可推卸的责任。如果做子女的忘记这一切，就是对良心的背叛，是最大的不孝。孝敬母亲的榜样，不仅历史上有，现实中也有很多。可是也有一些人把母亲当佣人使唤、谩骂。我们要坚决抵制这种人的行为，做孝顺的子女。

老人的愿望

人生漫漫几十载，当我们慢慢卸下工作重担，回归平淡的生活时，就代表着我们已经老去。我也是一位老人，我自己觉得，到了这个年纪，所求很简单，无非子女幸福，家庭和谐。那么，年轻人要怎么做才能帮老人完成心愿呢？我认为应该做到以下几点：

努力奋斗，苦乐皆知，事有所成，为建立自己的家业打好基础。能这样做老人就会很高兴，觉得你们懂事了。

努力筹划，收支有度，钱有所积，为建立自己的家庭创造基本条件，为结婚做好充分的准备。能这样筹划老人自然省心，觉得你们成熟了。

努力经营，总体运筹，业有所兴，成家立业，事顺家宁，其乐融融。能这样做老人就会高兴了，觉得你们有出息。

努力尽责，家有小孩，甘愿付出，让孩子健康成长。能这样做老人就满意了，觉得你们已经知道如何做父母了。

努力做人，不忘孝道，千万别太自私，否则会让老人感到说不出的痛。一定要认真地去领悟"不做事情不知难与易，不做父母不知苦与乐"的道理。

善待老人

人都会变老，一旦步入老年，又有多少人能真心实意地对待自己呢。做好老年人的工作成了全社会都比较关注和重视的问题。我们的党和国家、各级党组织和政府都非常重视、关心老年人的生活问题，制定了一系列的政策规定，要求各级抓好落实。而作为子女，首先要对自己的父母有孝心。父母给了我们生命，这足以使你感恩一辈子。所以，能想到、做到的，就要毫不含糊地去做、去落实。无论事情有多大，不管有什么困难，只要为父母亲办的事，就要努力地去克服，千方百计地满足老人的心愿，这就是孝顺与感恩！只要是为父母去努力，再苦再累也是值得的、有意义的。

父母对子女有做得好的，也有做得不够的，甚至于有亏欠的。即使是这样，做子女的也不能对父母过多计较，甚至记仇。年轻人要坚守中华传统美德，做到诚于孝心，永远铭记感恩；善于倾听，真心接受老人的唠叨与心声；悉心照料，关心老人的身体状况；用心满足老人的一些愿望，千万不要让其留下遗憾。

在对待老人时要注意几点：一是聊天时，聊老人感兴趣的事，让他们高兴；二是少提让老人生气不高兴甚至伤心的事；三是不提让老人内疚遗憾的事；四是不做会损害老人健康的事；五是要学会用像哄小孩子那样的态度方法善待老人。

对亲人发火的原因与对策

当今社会发展迅速，人们时刻面临许多新情况、新问题。遇到问题时，人们往往思想压力很大，存在着焦虑、急躁的心理，容易发火，甚至发生矛盾冲突。不少人习惯把这种不好的心情带到家中，无端地对自己的亲人发火。究其原因，我认为有以下几点：

第一，期望值过高，互相不理解。不理解对方的心情，思考问题的角度有偏差，不能站在对方的角度思考问题。

第二，压力大。面对亲人的要求与期望值，感到压力很大。因为更在乎亲人的感受与态度，所以家人的不理解更容易使自己心情不好。

第三，亲人间更放肆。因为亲人间的顾忌比较少，所以在外有火不敢发泄，回家容易发泄，所以情绪更失控，语言更伤人。

第四，陷入单极思维。处理问题往往只考虑自己的想法，不考虑亲人的感受，有问题从来不做自我批评，明明是自己不对也总是强词夺理，把责任推给对方，导致矛盾加剧，甚至不可逆转。

总而言之，就是缺乏理性的思维方式，遇事不冷静，易冲动。

受社会不良风气和习惯的影响，有些人自身抵御不良风气的意志与能力差，容易染上不良习气；受家庭教育的影响，一些人从小受到溺爱，没有养成良好的行为习惯，所以讲话不知分寸，不分长幼，没有礼貌。

要想有所改进，必须采取一些必要的措施。一是要加强教育，学会正确地认识社会与他人，客观地对待遇到的各种问题，学会冷静地应对与处理。二是要学会换位思考。在实际工作与生活中，遇事首先要考虑对方的想法与感受，学会"克制自己，方便别人"，通过正确处理人际间的各种问题，提高与人相处的能力。三是要加强修养。有些行为习惯与性格和个人修养有关。要养成遇事客观分析、冷静思考的习惯，以积极的心态去面对，用传统的道德规范来约束自己，慢慢养成良好的行为习惯，长期坚持必有好处。

第五篇

随笔与其他

当律师要有良知

——看电视剧《金牌律师》有感

最近我看了一部电视剧——《金牌律师》。其中有一个角色名叫朱言，是一名律师，扮演者是我们学校的学生朱丹。我之所以有兴趣看看，也是因为她是我们的学生。电视剧我没有从头看，中间看了几集，把兴趣点转到律师这个身份上后，我对律师有了点想法与感悟。

律师是一个很神圣的职业，他是依据法律与事实，为代理人维权的人，是伸张正义、为民服务、维护法律尊严的使者。所以律师是受人尊敬的。在经济社会发展中，很多人法律法规意识淡薄，难免出现各种类型的案件，这时靠单纯的教育与管理是不够的，就必须拿起法律的武器。律师代表原告与被告，在调查研究的基础上，按程序进行法律诉讼。然而在这个代理诉讼的过程中，有极个别的律师因有贪念之心，知法犯法，最终走上犯罪的道路。

我认为律师要有高度的法律意识、高尚的道德情操、专业的法律知识、扎实的工作作风和严谨的服务态度，谨慎地对待每一个案件。

律师避免不了一个客观的事实，那就是官司的输与赢。每个律师都想把官司打赢，可是，在实践中每一起官司都不一样，情况也是错综复杂、千差万别的。在这个过程中，法律、良知、利益都考验着每个律师。所以，作为一名律师，不仅要有法律知识，还要有做人的良知。如果受不了诱惑，被收买，那是非常危险的。因此，要做个好律师就必须做到：有政治担当，维护法律的尊严；有使命的担当，做到不辱使命；有道德的担当，不负人民群众的厚望；有高度的职业担当，树立和维护正义的形象。

使命与无悔

在部队，我们每天都会进行大量的训练，在各种艰苦复杂的环境中接受祖国和人民的考验。不管是在南疆大海大风大浪中的武装泅渡，还是在北疆戈壁沙滩的飞沙走石中的奔袭；不管是在南方酷暑烈日下的潜伏，还是在北疆严寒里的巡防，我们都无怨无悔，因为我们心中装着祖国与人民的重托，光荣与神圣的使命永远激励着我们前行！我们的付出之所以是无怨无悔的，是因为我们的付出祖国和人民知道，大海与沙漠知道，青山与河流知道，那都是我们履行使命的地方，曾经有我们的心血，有我们的汗水，有我们的脚印，有我们的气息！所以，我们所做的一切都是应该的，这是我们军人心中独有的军魂与使命！

三只小碗

犹记得我刚入伍那时，是八月，福建的天气很热，我们新兵集中训练以后被分到了连队。当时我们班有三个新兵，每天开饭时都由值日员以班为单位把饭打到班里统一吃。那时正值国家困难时期，饭不够吃，我们三个新兵只能盛一平碗饭，有时连一碗也没有了，班长也是这样。这种情况持续了三天，班长看在眼里、记在心里，他用自己的津贴到小店铺里买来三只陶瓷小碗，每当开饭时就让值日员用这三只小碗给我们三个新兵每人盛好一平碗饭，这样新兵基本能吃个七八成饱。每当想起这件事，我总是心潮澎湃，感慨万千。从三只小碗中，我感受到了战友间的真情。而像班长这样的老兵，在困难中能挺身而出，妥善解决问题，既体现了他对同志的爱，也体现了他的奉献精神。与班长分别大约是在一九六五年的下半年，至今已五十多年了，自那以后我与班长就失去联系，很是想念当时的老班长，他的精神永远鼓舞着我。

又听军号声

一天早晨，天刚刚亮，我还迷迷糊糊地躺在床上，突然，听到了那熟悉的军号声："嗒嗒、嘀嗒……"这起床号把我从迷糊中惊醒。

我住在淄博长城宾馆，参加转业到地方工作的战友们的聚会，这熟悉军号声是隔壁驻军军营中传来的起床号，嘹亮的号声赶走了我的睡意，把我带到了当年在部队生活的情景，他把我的思绪带入了当年火热的军营生活，仿佛下一秒我就要投入学习教育、军事训练和劳动中去。

军号声代表着军人的使命，让士兵投入紧张的备战训练，坚定地听党指挥，打胜仗；军号声是军人发扬执行命令、不怕牺牲、保卫祖国、服务人民精神的号令；军号声是联系战友情谊的桥梁，不管身在何处，心中的军魂永不变。

军人的真情与友谊是经历过严峻的考验的，是牢不可破的。这是因为战友们在炽热的军营生活中坚定了信仰和意志，担负着听党指挥、保卫祖国、打胜仗的历史使命。他们有铁的纪律和不怕牺牲的精神，可以全心全意地服务于人民。正是这样的军魂，筑起了军人特殊的情怀与友谊。

啊！这军号声好熟悉、好嘹亮、好庄严、好亲切，不管走到哪里，我都不会忘记，更不会忘记心中的军魂，不会忘记军人神圣的使命与精神，不会忘记战友之间的真情与友谊。

品茶与知茶

茶是人们日常生活中的饮品，逢年过节也被当作礼物馈赠亲朋好友。女儿送来一包新茶，再三说是质量上等的明前茶，让我不要舍不得喝，要马上就喝。当我打开了这包新茶时，一股淡淡的清香扑鼻而来。闻其香，我思绪万千；观其形，我联想无限；品其味，我百感而生；思其意，我心醉神往。

我爱喝茶，这个习惯已有些年头了。断断续续的时间不算，连续喝茶已有四十来年。开始喝的比较杂，有家乡的毛峰、金华的绿茶，还有碧螺春、铁观音、祁门红、普洱等。最终根据自己的口感习惯选定了以龙井为主的绿茶。随着时间的推移，我慢慢对龙井茶有所了解，懂得龙井春茶的品质最佳。特别是明前茶，经过冬天的潜伏期，形状更加饱满，味道也较为浓厚，闻起来有一股淡淡的豆香味。所以，明前龙井特显珍贵。

好茶还要配上好的茶具、好的水。我们俗称的茶艺有烫壶、置茶、温杯、高冲、低泡、分茶、敬茶、闻香、品茶、评茶十道工序。在这个过程中，每道工序都考验着茶艺师的手艺。一杯清茶，袅袅飘香，闻香品茗，茶香醉人；一种风雅，春风拂面，冲淡浮尘，沉淀思绪，茶香悠远；一种文化，茶道流长，茶为国宴，茶都在杭。

总之，我从喝茶中慢慢地了解了茶，对茶道、茶艺、茶礼、茶德也有所理解。喝茶时能懂得闻其香、品其味、思其源、懂其艺、识其文，就说明会喝茶了。然而，喝茶要适度，过量了对身体会有些损害。

我是一个喝茶的爱好者，而不是一个研究者，仅此而已。

短信录集

我有记短信的习惯，即把别人发来的短信，都认真地记下来，记下内容、时间、对象。目的有三点：一是纪念；二是学习；三是传承。我认为，短信是人与人之间联系情感、相互鼓舞和祝福的一种简便形式，是人际关系的一种表达与传承方式。当然，我们也可以用短信来表达思念、进行邀约等，也可以发送各种通知。信息内容广泛，值得记录与珍惜。

短信也是随着时间、环境的变化而变化的。如你在位时，来往短信的对象内容都大致相同，如祝福与感谢之类。当你不在位时，发短信的对象和内容又会发生一些变化。当然，短信的数量也会随着客观环境的变化而变化。所以，无论是年轻人、中年人、老年人，都要适应这种客观变化，保持良好的心境，顺应自然。只要是真正在实践中建立起来的友谊与情感，是不容易变的。在这个前提下，保持联系的短信，会让人感到亲切、真诚，值得留存与怀念！一个人能让别人记着你、想着你、问候你、祝福你，是一件值得开心的事。所以，要把他们的短信记下来，好好珍藏。

记下朋友的祝愿、战友的情感、长者的嘱咐、学生的问候、亲人的心愿，让记忆长留，让思念不变，让友谊永远！

"声音"是一种力量

对于声音，我不是个研究者，可以说是个门外汉。我讲的声音特指我们日常工作生活中遇到的"声音"。它是一种力量，它能唤起人的激情，产生巨大的动力；它是一种美的享受，能滋润心灵，激起我们对美好的向往；它是一种符号，见证我们前行的每一步；它是一种情感，能把人的情感凝聚起来，把浓浓的爱意传递给对方；它是一种权力，代表着权威，是身份与权力的象征，让人敬畏；它还是一种武器，在特定的条件下，会"吓死"你……总之，"声音"可以鼓舞人、感化人，甚至伤害人。

我指的"声音"是一种文化，它包含喜、怒、哀、乐、忧。不同的"声音"有不同的情感表达与生理反应，当然就会产生不同的效果。

沙画、过程与人生

沙画是一门新兴的绘画艺术。从电视上看到艺术家们用双手轻巧地创作出一幅幅生动的画卷，我很是喜欢。整个作画过程，就是创作抹去，再创作再抹去的过程，一幅画呈现后被抹去，又一个新的画面形成，看起来好似一部动画片。

从创作沙画的过程，联想到现实的工作与生活，何尝不是一幅生动的人生画卷。人生有信念、理想、抱负、事业、责任与担当，有各式各样的角色，既有社会角色又有家庭角色，这就像一幅画卷，作者就是我们自己。我们工作、生活中的每个画面都可以串成一幅画，展现我们的喜、怒、哀、乐。无论是精彩的画面，还是忧伤的画面，都是一生的财富。所以，每人都要努力地、严谨地、负责任地描绘好人生的每一幅画，最终形成一个完整难忘的人生过程，留下精美的多彩人生之画作。

关于舞蹈

要学习舞蹈，需要具备一些基本条件。一是要热爱。学习舞蹈首先要有热情，喜爱才能坚持下去。二是能吃苦。学舞蹈是很辛苦的，只有下苦功才能练好形体，使四肢变得柔软。三是有悟性。灵气与悟性是认真体会每个动作、角色、情景的内在要求，把内在的东西外化；四是敢创新。通过自身对各种角色的揣摩，把精、气、神、形融为一体，努力形成自己的舞蹈风格与特色，达到新、雅、美的境界。

在学习舞蹈的过程中，还要努力把握三大环节，这也是一个舞蹈爱好者必须经历的三个时期。一是模仿适应期。每个初学舞蹈的人，往往是从模仿开始的。从舞蹈基本功到神态动作，都是在模仿中练就的，从模仿中可以显露出自身的个体优势与特点。二是成长升华期。就是在初步掌握舞蹈基本功的前提下，通过不断练习，在体验与塑造不同角色的过程中，慢慢地感悟积累，使自己在表达内容、角色的情感中得以升华，内质得到外化，从而使自己的肢体语言与舞蹈的艺术表现力更有灵性。三是创新与张扬期。当一个舞蹈追求者对自己作品的思路、风格、类型、水准有一定把握时，其奋斗目标就是创新，他会把作品的内容、角色、风格与舞者的精、气、神、形融为一体，创造出全新的作品。

寻梦

清晨，我迎着黎明的曙光，
漫步在故乡的小溪旁。
遐想着未来的一切，
那是一腔热血的憧憬中的梦！

余暇，我冒着蒙蒙的细雨，
徘徊在绿色的柳树林中。
悠闲地思考着自己的未来，
那是一种探索中的梦想！

傍晚，我头戴星星月亮，
伫立在那片熟悉的土地上。
默默地说我要去远方寻梦，
今天我就要出发起航！

深夜，我沉浸在迷茫之中，
从此，要告别亲人和家乡。
无限的惆怅、彷徨与无奈全都涌上，
坚定地出发，寻梦远赴他乡！

泪

泪，是生命的伴侣，
虽然谁都不在意。
它却始终与你相随，
这是它地位的象征。
泪，是生活过程的标记，
无论快乐与痛苦。
它都表现得很努力，
这是它存在的意义。
泪，是人生幸福的印记，
当你开心快乐的时候。
它会激动地从眼流到嘴，
这是它真实的心意。

泪，是人生痛苦的回忆，
当你遇到无奈的悲痛时。
它为你伤心哭泣，
这是它真诚的善意。
泪，是成功的传记，
它伴喜悦而流。
永远地祝福你顺利，
它的心愿始终如一。
泪，是表达情感的声音，
滴滴串串奏出美的旋律。
无论你在哪里，
即使你并不在意，
它注定将永远伴着你！

乡情

在这片土地上，
流淌着劳动的滴滴汗水，
烙下了眷恋的依依深情，
因为我出生在这里。

在这片河滩上，
留存着奔跑的串串脚印，

印下了儿时的幕幕情景，
这是我童年的身影。

在这片田园里，
播下了耕耘的粒粒种子，
期盼着收获的甜甜滋味，
立誓我要改变命运。

在这条小路上，
刻下了奋斗的步步足迹，
悟出了路在脚下的道理，
从此我不再徘徊。

在这溪边小村，
写下了创业的铮铮誓言，
冲出了世俗的种种偏见，
我坚定地突围前行。

在回乡的路上，
搅动了往事的种种回忆，
沉浸的思绪百转千回，
啊！我的爹娘在这里。

使命

为了家而操心，
历尽千辛万苦。
养育孩子们成长，
充满期待与希望。

为了家而付出，
总是不停付出，
盼望着孩子们成才，
看到他们收获满满。

为了家而谋划，
竭尽全部精力。
期待着孩子们成家，
开心地等到了结果。

为了家而拼搏，
呕心沥血一生。
总算孩子们都出息了，
舒心地说使命完成了。

为了家而奋斗，
辛辛苦苦奋斗一辈子。
省吃俭用几十年，
天真地想该享享福了。

为了家而操心，
愁白了头，累弯了腰。
心想使命完成了，
应该歇歇脚了。

谁曾想到今天，
七老八十当"义工"，
任劳任怨地付出，
这就是老人的命运与使命。

战友是条河

战友是条河，
流淌的是岁月，
留下的是你我。
战友是条永恒的河！

战友是条河，
奔腾的是故事，
回忆的是苦乐。
战友是条友谊的河！

战友是条河，
常流的是情感，

祈求的是平安。
战友是条柔情的河！

战友是条河，
奔涌的是情怀，
期盼的是圆梦。
战友是条无尽的河！

河水清清长流，
战友情深浓浓，
更似滚滚奔腾，
永远！永远！永远！！！

注：“八一”建军节前夕，思念曾经共事的战友，即兴而作。

同在春天里

战友，你在哪里？！
谁说我们已经分离。
不，不管是过去、现在，还是将来，
我们永远都在时代的记忆里。

战友，你在哪里？！
虽说我们各奔东西。

嗨！不管是你、是我，还是他，
我们永远同在追梦的列车里。

战友，你在哪里？！
梦想总将实现。
哦！不管是天南、海北，还是东西，
我们永远同在春天里！

战友，你我同在春天里，
回忆总是那么美好！
军旅友谊长存，
梦与心永远同在时代里！

历史不会忘记你
——献给全体教工

历史不会忘记你，
是你开创了传媒人才的新基地。
为了培养新一代的传媒人，
你呕心沥血地奉献了耿耿丹心。

岁月不会忘记你，
是你描绘了"浙传"发展的远景。

为了新传媒人的茁壮成长，
你满腔热情地撒下了浓浓真情。

事实不会忘记你，
是你立下了争创一流的决心。
为了圆好"浙传"人的梦，
你不辞辛劳地留下了串串脚印。

良知不会忘记你，
是你培养了千万传媒学子。
为了桃李芬芳华夏大地，
你无私奉献地树起了"浙传"丰碑。

如果

如果找不到那棵可以乘凉的大树，
我宁愿去晒太阳。
坚定地向前走，
去寻找那棵能让我相依的大树。

如果找不到那把属于我的伞，
我宁愿去淋雨。
勇敢地去面对，
祈盼着那把能给我遮风挡雨的伞。

如果找不到那个属于我的港湾，
我宁愿去漂泊。
顽强地去拼搏，
守望着那个能让我停靠的港湾。

如果我找不到那缕温暖的春光，
我宁愿去迎风雪。
真诚地去坚守，
等待着风雪过后属于我的彩虹！

梦与心的拥抱

我想送给你太阳，
让你沐浴在温暖的阳光里。
愿阳光和春风永远伴随你，
柔情如酒醉。

我想送给你月亮，
让你沉浸在秋夜的月光里。
愿月光秋风徐徐吹拂你，
激情随心飞。

我想送给你鲜花，
让你陶醉在生日的烛光里。

愿梦与心真诚地拥抱你，
温情埋心底。

我想为你祈祷，
让你荡漾在爱的长河里。
愿幸福青春永远属于你，
真情在梦里。

梦是那么美好，
心是那样纯真，
梦与心的拥抱，
永远属于你！

恋的心迹

悄悄地走近你，
在不经意的相遇中，
留下了说不清的感觉，
暗暗地想知道你。

慢慢地靠近你，
在平日里的相处中，
萌发了抹不去的意念，
默默地在思念你。

静静地等候你，
在有限的相约中，
烙下了忘不掉的记忆，
轻轻地说我喜欢你。

紧紧地相随你，
在浪漫的相拥中，
立下了爱的誓言，
真情相伴一生。

牢牢地牵着你，
在岁月的长河中，
同舟共济的前行，
笑迎夕阳乐心扉！

爱是什么？

爱是用来思念的，
思念是一种牵挂，
牵挂是一种情感，
真爱永远烙在心里。

爱是用来承诺的，
承诺是一种责任，

责任是一种付出，
真情永远埋在心底。

爱是用来包容的，
包容是一种态度，
态度是一种境界，
真心永远融在血液里。

爱是用来牵手的，
牵手是一种愿景，
愿景是一种幸福，
相伴是永远并肩前行。

爱是用来回忆的，
回忆是一首甜蜜的歌，
欣赏是一幅多彩的画，
幸福就在人生过程里。

思念

爱是一枚邮票，
捎去的是满腔心语。
我在边关奉献坚守，
你在家乡静静等候。

爱是一声问候，
送去的是节日祝福。
我在远方牵挂思念，
你在故乡默默遥祝。

爱是一张车票，
满载的是真情厚意。
我在前行中衷情祈盼，
你在旅途中匆匆奔走。

爱是一处港湾，
容纳的是梦想。
我在奋斗中奉献，
你在守候中体会。

爱是一生坚守，
祈盼的是共同幸福。
携手同心耕耘坚守，
同在人生过程领悟享受。

爱靠坚守奋斗，
幸福靠共同相守。
牵手前行追梦想，
笑迎夕阳坚守爱。

守候

爱是一次握手，

传达的是心声暖流，

表达的是幸福追求，

悄悄地告诉她我要为你守候！

爱是一次邂逅，

相约的是湖畔亭阁，

表明的是目标愿景，

傻傻地表白说我要为你奋斗！

爱是一次旅游，

相伴的是人生旅途，

享受的是百味过程，

甜甜地告诉她这是快乐的牵手！

爱是一种守候，

相守的是一生承诺，

表达的是心与心的交流，

严肃地说我要为你的快乐守候！

第四情感

　　社会上流传着一种说法，现实生活中存在着一种既不是爱情又不是友情的情感——第四情感。针对这种情感，目前还没有更多的解读，也只是在茶余饭后说说而已，不过倒颇为引人关注。假如这种情感确实存在，也是一个极其微妙而又说不清楚的话题。因为这种介于爱情与友情之间的情感，应该是非常圣洁而美好的，是一种纯真的精神友谊，是一种相互间心灵的碰撞，是一种精神需求的交流，是一种不需要结果的美好追求。

　　　　　　有一种感觉，
　　　　　　互相都自然需要，
　　　　　　就像两块磁铁，
　　　　　　谁也离不开谁。

　　　　　　有一种现象，
　　　　　　互相都非常在意，
　　　　　　好像身影那样相随，
　　　　　　谁也忘不了谁。

　　　　　　有一种默契，
　　　　　　互相都有灵犀，
　　　　　　好像心灵自然感应，
　　　　　　谁也说不清道理。

有一种思念，
互相都埋在心里，
好像祈祷那样虔诚，
谁也放心不下谁。

有一种现实，
互相都很明白，
好像君子那样约定，
谁也不会伤害谁。

有一种追求，
互相都在寻找，
好像期待的那种感觉，
谁也不会放弃谁。

坚守

我热爱祖国，
是党和国家培养了我。
履职是我的使命，
立志服务人民一生。

我孝敬父母，
是父母辛苦养育我成人。
坚守做人做事的诺言，
厚德成业，敬孝终生。

我敬重师长，
是师长和战友助我成长。
坚守不忘感恩良师挚友，
真诚友谊永记心间。

我深深地感悟，
是过程和经历引领我奋斗。
严于律己，清白做人，
坦荡人生觉自由！

我有不变的信仰，
我有血铸的军魂。
我有永恒的乡情，
我有终生的使命。

生命不息，奋斗不止！
永远前行，奋斗终生！

我相信明天

我不忘昨天，
昨天是爹妈给我生命。
他们历尽千辛万苦养育了我，
让我懂得了创业与感恩。

我热爱今天，
今天是时代给了我机会。
现实给了我完成"三业"的任务，
让我明确了梦想与担当。

我相信明天，
明天是圆梦给了我使命。
责任给了我信念与快乐，
让我坚定地去迎接幸福。

我珍惜每天，
因为生命给了我时间。
诺言要求我奋斗奉献一生，
让我明白了"三天"的内涵。

我恪守"三天"，
不曾忘记艰辛付出的昨天。
珍惜正在快乐前行的今天，
坚信幸福时代圆梦的明天。

注："三业"指完成学业，顺利就业，建立家业。

"八一"有感

青春岁月穿军装，
军徽军歌伴成长。
圆梦人生总无悔，
保家卫国很荣光。

戍边巡逻保国防，
军情军魂印胸膛。
当兵人生多精彩，
奉献青春在沙场。

神圣使命卫国疆，
血汗铸就铁脊梁。
练就一身硬本领，
时刻准备打豺狼。

军魂在胸斗志昂，
听党指挥打胜仗。
敌人胆敢来侵犯，
哪里都是敌坟场。

注：恰逢"八一"建军节，纪念建军九十周年，有感而发。

校庆有感

坎坷岁月四十年，
汗水铸就浙传魂。
同心奋斗书日月，
紧跟时代新征程。

立德树人旗帜鲜，
争创一流志更坚。
优势特色丹心在，
共志追梦谋新篇。

为浙江传媒学院
校庆四十周年而作
二〇一八年金秋十月